人工
养蝎实用技术

RENGONG YANGXIE SHIYONG JISHU

周元军　赵　丽　孟庆华　编著

中国科学技术出版社
·北　京·

图书在版编目（CIP）数据

人工养蝎实用技术 / 周元军，赵丽，孟庆华编著 . —北京：
中国科学技术出版社，2017.8（2023.11 重印）

ISBN 978-7-5046-7625-2

Ⅰ. ①人… Ⅱ. ①周… ②赵… ③孟… Ⅲ. ①蝎子—人工饲养
Ⅳ. ① S865.4

中国版本图书馆 CIP 数据核字（2017）第 189906 号

策划编辑	王绍昱	
责任编辑	王绍昱	
装帧设计	中文天地	
责任印制	马宇晨	
出　　版	中国科学技术出版社	
发　　行	中国科学技术出版社发行部	
地　　址	北京市海淀区中关村南大街16号	
邮　　编	100081	
发行电话	010-62173865	
传　　真	010-62173081	
网　　址	http://www.cspbooks.com.cn	
开　　本	889mm×1194mm　1/32	
字　　数	103千字	
印　　张	5.5	
版　　次	2017年8月第1版	
印　　次	2023年11月第3次印刷	
印　　刷	北京长宁印刷有限公司	
书　　号	ISBN 978-7-5046-7625-2 / S·673	
定　　价	22.00元	

Preface 前 言

　　早在两千多年前，我国劳动人民就认识到蝎子的药用价值，蝎子入药后名为全蝎、全虫。近年来，随着人民生活水平的不断提高，膳食结构的调整，人们开始注重食品营养保健功能，蝎子又作为美味佳肴登上了酒席宴桌。

　　目前，用全蝎配制的中成药已达数十种，如治疗面部神经麻痹的牵正散、治疗蛇伤的南通蛇药片及一些特效药（大活络丹、再造丸、止痉散、七珍丹）等；全蝎还可以与其他中药配制出数百种药方，广为使用。另外，蝎子的菜谱也达近百种，用全蝎制成的具有营养保健作用的食品，备受人们青睐。由于蝎子的用途不断扩大，加大了蝎子的市场需求量。但是，国内可提供的自然蝎源十分有限，导致供需矛盾越来越突出。因此，人工养殖蝎子势在必行。为使广大养蝎户及养蝎爱好者能全面、系统、客观、深入地了解蝎子和掌握人工养殖蝎子新技术、新方法，笔者结合多年的科研成果和养蝎经验，并在借鉴前人及业界同行文献资料基础上，编写了这本《人工养蝎实用技术》一书。

　　在编写过程中，笔者力求突出实用性、系统性和科学性，采用图文并茂的形式，着重介绍了蝎子的养殖前景，蝎子的生物学特性，蝎子的养殖技术，蝎子的病害与敌害防治，蝎子的采收、加工与保存方法，蝎子蜇伤预防与救护，以及蝎子饲料虫的养殖等知识。全书共有插图五十余幅，文图相映，深入浅出，通俗易懂，适合广大农村养蝎工作者、专业户学习参考。

由于时间紧，编写经验不足，加上笔者水平有限，书中不足甚至错误之处在所难免，恳请同行及广大读者提出宝贵的建议，以便再版时充实完善。

编 著 者

Contents 目 录

第一章
概　述

一、蝎子的种类

　　蝎子是已知最古老的陆生节肢动物之一，也是一种重要的动物药材，因其全身都可入药，故中医称之为"全蝎"或"全虫"。在动物分类学上蝎子属于节肢动物门、蛛形纲、蝎目（图1-1）。

图1-1　全　蝎

　　全世界范围内蝎目中共分6科、70属，有600余种。目前，我国共有15种，如东亚钳蝎、东全蝎、会全蝎、十腿蝎、黄尾蝎、沁全蝎、辽开尔蝎、藏蝎等，其中分布最广的为东亚钳蝎，属钳蝎科。东亚钳蝎别名很多，如蝎子、链蝎、会蝎、剑蝎、问荆蝎、主簿虫、蚕尾虫等。

1. 东亚钳蝎　又名远东蝎，因其后腹部尾节上的纵沟形状和问荆的茎相似，故有问荆蝎之称，是世界著名的蝎种类。为我国分布最广、家庭养殖最普遍的良种蝎（图1-2）。主要分布在我国河北、河南、山东、山西、陕西、安徽、江苏、福建及台湾等地。本书所述养殖技术主要以东亚钳蝎为主。

2. 东全蝎　体深褐色，略呈黑色，体形较长、大，喜微酸性土壤，喜食昆虫类等小形体软动物，繁殖能力较强、产仔多，但母性较差（图1-3）。主要分布在我国的山东、河北交界一带。

图1-2　东亚钳蝎

图1-3　东全蝎

3. 黄尾蝎　体浅褐略带黄色，体形偏小，适应性较强（图1-4）。主要分布在我国的山西省。

4. 十腿蝎　又称十足蝎，比一般蝎多两足，其特点是个大、体肥、毒盛。主要分布于河南西部、陕西华阴市、山东沂蒙山区等地（图1-5）。

图 1-4 黄尾蝎

图 1-5 十腿蝎

5. 沁全蝎 是我国的良种蝎之一。近年来经过与青州蝎、会全蝎的杂交优化，具有繁殖快、产仔多、成活率高、寿命长等优点（图 1-6）。该种蝎寿命 8～10 年，繁殖期 6 年，能在 -5～39℃ 条件下生活，最适宜生长温度为 28～38℃。沁全蝎饲养简单，只要精心饲养和科学管理，可年产仔 3 次，每次产仔蝎 30～60 只，当年即可出售。

图 1-6 沁全蝎

6. 会全蝎 体形中等，身较短，深褐色，喜碱性土壤，除昆虫类等小形体软动物外，还能采食一些植物性食物。雌蝎产仔较早，母性好。主要分布在我国的河南（南阳伏牛山区）、湖北（老河口）等地。

7. 辽开尔蝎 体形肥大，抗逆能力强。主要分布在我国的东北地区。

8. 藏蝎 体形大，较凶悍。主要分布于西藏、四川西部等地。

二、蝎子的分布

蝎子在全世界除寒带以外的大部分温暖地区均有分布，以热带最多，亚热带次之，温带较少，在北纬42°以北基本无蝎子生存。

有关研究表明，我国的15种蝎主要分布在北纬32°～42°之间的东北各省以及河南、山东、河北、山西、陕西、安徽、江苏、浙江、四川、湖北、福建、西藏、台湾等省、自治区的部分地区。长江以南的广大地区，雨水相对较多，气候相对暖湿的温带、暖温带、亚热带及热带地区分布较多，而在水分较少的西北内陆则分布较少。国内将商品蝎分东、西、南、北四大系：东是指山东，以潍坊为主要产区，这里的商品蝎称东全蝎；西是指山西，以忻县为主要产区，这里的商品蝎称晋全蝎；南是指河南，以伏牛山区的淅川为主要产区；北是指湖北，以老河口为主要产区；其南、北两系的商品蝎通称为全蝎，列为全蝎中的上等品，驰名中外。

三、蝎子的经济价值

（一）蝎子的药用功能

全蝎是我国传统的名贵中药，入药已有两千多年的历史。蝎体内含有一种类似蛇神经毒素的毒性蛋白，称作"蝎毒"，历来为"熄风镇痉、消炎攻毒、通络止痛"之要药。早在宋代医书《开宝本草》中，对蝎子的药用功能就有文字记载。明代杰出的药学家李时珍在《本草纲目》中对蝎子的药用功能作了更详细的介绍。历代医家都认为：蝎子味辛、甘，性平，有小毒，入肝经，有熄风、镇痛、止痛、窜筋、透骨、逐湿、解毒等功效，是治疗惊痉、抽搐、癫痫、中风（脑血管意外）、半身不遂、口眼歪斜、偏头痛、破伤风、肺结核、淋巴结核、疮病肿毒等多种疑难病症的理想药材。目前以蝎子配伍的汤剂达100多种，全蝎配制的中药达60多种，如"再造丸""大活络丸""七珍丹""牵正散""跌打丸""救心丸""止疼散""中风回春丸"等均以全蝎为主要成分。

现代科学研究证实，全蝎的药理作用主要依赖于蝎毒。蝎毒比黄金还贵，每千克约15万元。1万只成蝎每年可提毒480克，因此，蝎毒的药用价值远远高于蝎子本身。蝎毒主要存在于蝎的尾刺中。据动物实验，蝎毒有一定的抗惊厥作用，但其毒性比蜈蚣毒弱。用全蝎制剂按不同途径方式给药，发现其有显著、持久的降血压作用；在清醒的动物身上使用，可见显著的镇静作用，但并不使动物入睡。近年来有关研究又表明，蝎毒的有效成分对癫痫和三叉神经痛的治疗有特效。目前在国际临床上，蝎毒已应用于治疗神经系统、心脑血管系统疾病及恶性肿瘤、艾滋病等。

蝎毒除了医药作用外，还在神经分子学、分子免疫学、分子进化、蛋白质的结构和功能等生命科学研究等领域有着广阔的应用前景。另外，在农业生产中，蝎毒还可以用于制造绿色农药。

我国对蝎毒的研究起步较晚，应用技术研究相对落后，不过其价值已经引起了我国科学工作者的重视，目前国内已有多家科研单位进行研究并计划生产。可以预料：未来蝎毒将会为人类医疗保健事业发挥巨大作用。

（二）蝎子的滋补功能

近年来，全蝎除作为药用外，还作为滋补食品、美味佳肴登上了宴席的大雅之堂。

全蝎的营养极其丰富，据测定，蝎体蛋白质含量高，脂肪低，含有多种人体必需氨基酸、维生素。用全蝎可以加工烹调成上百种美味佳肴。例如：油炸全蝎、醉全蝎、蝎子滋补汤等以蝎子为原料制作的药膳食品，早已进了宾馆、饭店、酒楼甚至寻常百姓的餐桌。中华蝎子宴被列入国宴，已誉满全球。

（三）蝎子的开发利用

随着蝎子人工养殖的蓬勃发展和科研部门对全蝎应用研究的日渐深入，以全蝎为主要原料的保健品被相继开发出来，如蝎精口服液、蝎精胶囊、蝎粉、中华蝎补膏、中华蝎酒、全蝎罐头、蝎精美容霜等。

四、我国人工养蝎的现状与发展前景

（一）我国人工养蝎的现状

我国人工养殖蝎子是 20 世纪 50 年代才开始起步的，大致可分为三个时期，即萌芽期、发展期和成熟期。随着科学养殖技术的不断发展和普及，目前我国人工养殖蝎子技术逐渐成熟，养蝎事业稳步发展。

1. 养殖模式　目前人工养殖蝎子的模式按周期划分，可分为两种：一是夏买冬卖模式，二是自我繁育模式。

（1）夏买冬卖模式　该模式一般多见于我国的甘肃、陕西、山西、河北、东北三省、山东、安徽、河南等的农村地区。每年的 6～9 月份，收购商从农民手中收购蝎子（多为野生蝎子），死蝎子冷冻处理后保存，活蝎子再经过 1 个月左右的喂养之后，一般能够增重 20% 左右，然后出售，没有售完的活蝎继续饲养，到冬天蝎子市场短缺价格上涨的时候再出售，以提高经济效益。

该模式的最大特点就是养殖周期短暂，蝎子增重快，蝎子不需交配产仔，不经过蜕皮环节，不需要长大，只要求肥胖，其养殖技术含量要求不高，只要保持好育肥环境即可，风险低，所以备受青睐。但近年来，各地由于不注意保护环境，使得生态环境日趋恶化，尤其是农药化肥的大量使用、大量荒山的开垦和林木采伐、人工大量的捕捉，致使野生蝎子资源急剧减少，甚至到了濒临灭绝的地步。为此，国家有关部门正在采取措施，相信不远的将来会制定出一套法规，将蝎子列入濒临灭绝的保护动物范畴，人工捕杀蝎子的历史将结束。野生蝎子市场将被查封，到时候夏买冬卖模式将不存在，这是社会发展的必然趋势，也是不可抗拒的历史潮流。这将严重制约夏买冬卖模式的推广和发展。

（2）自我繁育模式　该模式是指依照蝎子的生理生活习性来完成育种、繁育、生长的循环过程。从养殖方式上可以分为室内养蝎和室外养蝎两种形式。室内养蝎就是人们常说的温室养蝎，是人为地给蝎子创造一个适宜其生长发育和繁殖的环境，让蝎子从交配、怀孕、产仔、生长、蜕皮都在温室内进行。室外养蝎是指散养或者露天养蝎，是指在室外建造若干个养殖池来饲养蝎子。

该模式相对来说技术要求更高，需要较好的饲养管理条件和技术，不像饲养鸡、猪等动物那样周期短暂，饲养技术好掌握，见效快，再加上农村很多人没有足够的耐性和经济实力来投入，耗不起拉锯战，于是养不了几个月就纷纷下马。虽然蝎子养殖自我繁育模式是国家提倡和推广的，目前利用该种模式养殖的人数虽然也不少，但养殖成功的人并不多，大规模生产的人就更少，关键是养殖技术没有掌握好。

2. 存在的问题 从市场的需求来看，虽然商品全蝎市场广阔，需求量逐年增加，市价看涨，但对于养蝎户来说，由于饲养规模小，养殖量不大，市场信息闭塞，再加上销售渠道和运输条件的限制，往往造成养殖出来的蝎子销不出去，直接影响养蝎户的积极性。

近年来，虽然我国养蝎业稳步发展，取得了一些成功，在养殖研究领域涌现出了一些新技术和新成果（如蜕皮素等），但作为特种养殖项目，就总体水平来讲，基础研究仍然比较薄弱，有许多问题需要研究解决，以便更好地指导人们科学养殖蝎子，提高养殖效益。

（二）我国人工养蝎的发展前景

随着人们对蝎子用途的不断开发，社会需求量越来越大。据统计，现在我国每年要消耗几百吨蝎子，蝎子的价格由 20 世纪 80 年代的几十元一千克涨到现在的几百元一千克，供应量不足需求量的 30%。再加上野生蝎子资源的急剧减少，大规模人工养殖蝎子的进展缓慢，导致供需矛盾越来越突出，因而蝎子的市场价格连年翻番，成倍增长，养殖蝎子的市场前景美好。

为弥补自然蝎源的不足，满足人们药用和食用的需求，发展人工养殖蝎子势在必行，迫在眉睫。实践经验证明，人工养殖蝎子投资少、见效快、省工省力，技术要求不甚复杂，经过短期学习即可掌握，在庭院内就可创造出饲养条件，易于管理，男女老少都可以参与，经济效益很高。家庭人工养蝎子经济效益分析：采用人工新法养殖一只雌蝎一年产 2～3 胎，每胎 30～60 只。一只母蝎一年产 2 胎，每胎产仔 30～60 只，一年就能收入 60～120 元钱。按雌雄蝎 1∶3，一般 5 米^2 的温室可投放蝎种 1 000 只（雌蝎 750 只，雄蝎 250 只），当年即可繁殖，最低年产仔数：750 只雌蝎×2 胎×50 只＝75 000 只，按成活率 80% 计算，出生后仔蝎饲养 7～9 个月后即可得商品活蝎 75 000 只×80%÷1 000 只/千克＝60 千克，按目前最低市场回收价格 680 元/千克计算，可收入 40 800 元。扣除各种费用：4 000 元种苗＋100 元（大盆、镊子、温度计、刷子）＋900 元饲料＋5 000 元人工等＝10 000 元，可获纯利 30 800 元。如果作为种蝎或提取蝎毒出售（500 只活蝎提取 1 克蝎毒，1 只健康蝎年可提取 12 次），其收入就更加可观。

据有关部门统计，每年世界需求全蝎量在 5 000 吨左右，供药用、食用、保健品的开发利用，而目前世界年产量只有 4 000 吨左右，我国年产量有 1 000 吨左右，占世界四分之一，作为种用的就有 40～50 吨，而且全国养蝎场用了 20 吨，剩下只有 20 吨左右可作种源，按每户养 1 万只计算，只可供应 500～1 000 户，况且全国只有少数几个省有丰富的野生资源，可见开发养蝎业大有作为。据国家农牧发展中心预测，今后数年内，蝎子的市场价格只会上升，而不会下降。因此，人工养蝎已成为一项稳妥长远的致富养殖项目，大有发展长途。

第二章
蝎子的生物学特性

一、蝎子的形态结构特征

（一）蝎子的外部形态

东亚钳蝎（以下简称蝎子）的形体如虾，雌雄异体，成年蝎一般体长4～6厘米（雄蝎平均5.2厘米，雌蝎平均4.8厘米），体宽0.7～1厘米，体重1～1.3克，孕蝎可达2克以上。身体的背部和尾部第5节及毒针的末端为黑褐色，腹部为浅黄色。

动物学上将全蝎的身体一般分为3部分，即头胸部、前腹部和后腹部（图2-1）。头胸部和前腹部合

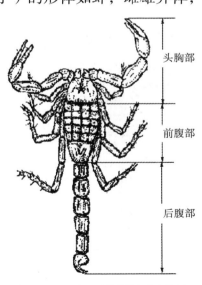

图2-1 东亚钳蝎的背面图

在一起，称为躯干部，呈扁平长椭圆形；后腹部分节，呈尾状，又称为尾部，实际上它并不是尾巴，因为一般尾巴里面是没有消化道的。椭圆形躯干加上细长分节的后腹部，整个身体形似琵琶状，故又称之为琵琶虫。蝎子全身表面有一层高度几丁质化的硬皮，两侧长有各种形状的附肢。

1. 头胸部　蝎子的头胸部较短，头与胸相连，背甲呈梯形，分为 7 节，分节不明显，十分坚硬，前窄后宽，其上密布颗粒状突起，并有数条纵沟纵脊。中央部位有 1 对中眼，位于眼丘上。有背甲的两个前角侧各有 3 个单眼，排成一斜列。头部具有附肢 2 对，一对称螯肢，亦称口钳，长在口器两旁，呈三角形，上有锯齿，形如利剪，取食用；另一对为强大的触肢，形如蟹螯，为摄取活物和司感觉之用。胸部有步足 4 对，生于两侧，内连发达的肌肉与神经，每足可分 7 节，末端具有 2 个勾爪。蝎子依靠勾爪附着在物体上。步足按前后次序一对比一对长，是蝎子的主要行动器官（图 2-2）。

2. 前腹部　蝎子的前腹部又称中体，较宽，分

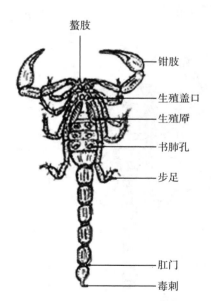

螯肢

钳肢

生殖盖口

生殖厣

书肺孔

步足

肛门

毒刺

图 2-2　东亚钳蝎的腹面图

节明显，由 7 个环节组成。背面呈青灰色或棕褐色，背面中部有 3 条纵脊，腹面土黄色，雌蝎前腹部较宽长（10 毫米×20 毫米），雄蝎前腹部较窄短（7 毫米×10 毫米）。腹面观，第一节胸板后面有 2 片半圆形的生殖厣（生殖口盖），打开后可见一个多褶襞的生殖孔。雌蝎可从此生殖孔娩出仔蝎，公蝎可从此生殖孔中伸出交配轴（精棒），与雌蝎生殖孔相交。雄蝎体内只有 2 根精棒，一生只能交配 2 次。雌蝎交配 1 次，就可连续生育 4 年，直到寿命结束。生殖孔上至口器之间的垂直夹缝称为蝎蜕口，各龄蝎蜕皮（蜕变）时，从此处蜕生。第 2 节腹面有 1 对"八"字形梯状器，是腹足的退化痕迹，具有丰富的神经末梢，能识别异性，并调节躯体平衡，系感觉器官，梯状板上有齿，一般为 19～21 对。第 3～7 体节腹板较大，在其两侧有侧膜与背板相连，侧膜有伸缩性，因而腹部可伸张或缩小。第 3～6 节的腹面左右各有 1 对近似圆形的窗户状的书肺孔，乳白色，各与相应的书肺相通，具有体内与外界环境气体交换的管道，有呼吸作用。第 7 节呈梯形，前宽后窄，连接后腹部（图 2-2）。

3. 后腹部 蝎子的后腹部细长，又称末体或尾部，由 5 个环节组成，各节背面有中沟，从背面至腹面还有多条齿脊。最后一个腹节即第 5 节，呈钩状，最长，深褐色，外被一层肌肉，呈袋状构造，浅黄色，其末端腹面正中央有一开口，为肛门，从肛门排出的白色液体即粪便。袋状的尾节内有 1 对白色毒腺，毒腺后方为毒针，近末端靠近上部两侧各有 1 个针眼状开口，与毒腺管相通，能释放出毒液，可用来攻击敌害和捕食，是蝎子自卫的武器（图2-3）。

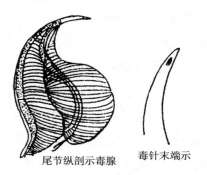

尾节纵剖示毒腺　　毒针末端示

图2-3　蝎的毒刺

（二）蝎子的内部结构

蝎子的整个身体由14个环节组成，每个环节由背板构成，节间由节间膜连接，构成运动系统，能自由伸缩运动。体腔内有消化、排泄、呼吸、循环、神经和生殖系统，各系统相互协调，共同完成机体的生理功能（图2-4）。

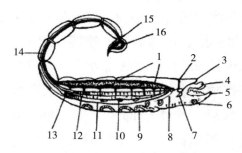

图2-4　蝎子的矢状剖面图

1.心孔　2.中眼　3.侧眼　4.螯肢　5.触肢　6.步足　7.咽下神经
8.唾液腺　9.书肺　10.盲囊　11.腹神经索　12.中肠　13.马氏管
14.后肠　15.肛门　16.毒腺

1. 运动系统 蝎子的运动系统由外骨骼和肌肉组成。

外骨骼即蝎子体壁由上皮细胞向外分泌形成坚实的表皮层，覆盖着整个身体，起着保护及支持作用。由于蝎子的身体是分节的，外骨骼也是按节形成的，在每个体节内，外骨节分割成独立的骨板（包括1个背板、2个侧板及1个腹板），以易于体节内的运动。每个节间由节间膜连接，关节膜外表皮层极薄，能自由伸缩和弯曲运动，不运动的时候折叠在前一体节内。蝎子体壁的表皮细胞向体内折叠，并向内分泌角质层而形成内突，即为肌肉的附着点。

2. 消化系统 蝎子的消化系统由消化道和消化腺组成。蝎子的消化道较为简单，分为前肠、中肠及后肠3部分。前肠由口、食道、唾液腺、盲囊、前肠、中肠、后肠和肛门组成。口在头的后下方，唾液腺在食道下方，为一团葡萄状的腺体。前肠由咽喉和食道相连构成。蝎子捕获食物后经口咀嚼时，先由唾液腺分泌大量的消化液，对食物进行体外消化成肉糊状，而后再由咽吮吸到食道进入中肠，中肠将养分吸收后，未消化之残物进入后肠。后肠又称直肠，其功能主要是继续吸收及排泄。在中肠与后肠交接处有2对马氏管通入肠内，是排泄器官，通过后肠排泄粪便。

打开蝎子的前腹部体壁，在中肠部位便可看到一串串黄褐色葡萄状的腺体，这就是可贮存营养（液体食物）的盲囊。盲囊的大小与蝎子的体质和生理发育阶段相关。蝎子体胖，营养贮存得多，盲囊就大些；蝎子蜕皮前和冬眠苏醒后，由于营养物质转化或消耗，盲囊就变得细小。雌蝎在怀孕初期，由于胚胎小，加上蓄积的大量液体食物尚未消耗，盲囊的体积较大；到了临产前，胚胎发育消耗了盲囊中贮存的液体食物，因而盲囊体积迅速变小。另外，由于盲囊具有贮存液体食物的作用，因此蝎子有较强的耐饥饿能力。

蝎子的消化腺主要有唾液腺和肝脏。蝎子采食时，先由唾液腺分泌消化液与食物混合，对食物进行体外消化，经过消化酶的作用将固体食物初步消化成浆状后再被吮吸入消化道。蝎子的肝脏位于中肠的内侧，并有细管与中肠相通，肝脏分泌的消化液通过细管流入中肠，与中肠壁内小腺体产生的消化酶对浆状食物进行初步的消化，然后吸收营养物质。

3. 呼吸系统　蝎子的呼吸系统主要由书肺、气室及书肺孔组成。

书肺位于前腹部第 3～6 节之间的书肺孔下面，每节 1 对，共 4 对。书肺是腹部体壁内陷而成的囊状构造，内有很薄的书页状的突起，片内布满血管，血液流通量很大，是交换气体的地方。囊腔的后壁则形成一个较大的腔隙，称气室。气室与薄片间的空腔相连通，并通过呈一横列的书肺孔通向体外。在体腔内有肌肉连于气室的背壁，肌肉的伸缩可使气室扩张或收缩，从而使气体进出气室，进行气体交换。新鲜空气中的氧气扩散到血液中，通过书肺中的微血管进入心脏，供应全身，同时血液中的二氧化碳则扩散到气室排出体外。

4. 循环系统　蝎子的循环系统比较简单，只有心脏及比较简单的血管、血腔组成，结构比较清楚。心脏呈管状，为乳白色，位于肠的背面，包在围心膜中。心脏虽然呈管状，但并非是一条简单的管子，共分为8个室，每室都有1个呈小漏斗状的心孔，血液都从心孔进出心脏，心脏向前和向后各发出1根大动脉，其分支通入血腔、血管，经血窦到书肺，再由书肺静脉到围心腔，最后经心孔回心脏。由于心脏的不断跳动和肌肉收缩，使血液循环不止。

蝎子的血液含有能变形的血细胞及存在于血浆中的血清素和抗体。血清素与氧的运输有关。因为蝎子的血液没有血色素，所以呈浅黄色或淡绿色。

5. 生殖系统　蝎子为雌雄异体，其生殖系统的四周皆被消化系统中的盲囊所包围，解剖观察时需要小心剔除包围才能显露。

（1）雌性生殖系统　包括卵巢、输卵管、受精囊（或称纳精囊）、生殖腔和雌性孔。雌性孔为外生殖器，其余为内生殖器（图2-5）。卵巢位于消化管的腹面，呈网状，由3根纵管和5根横管交互连通而成，其周围有许多圆形的卵粒附着。卵巢两侧由短的输卵管通入膨大的受精囊，汇合到一个宽大

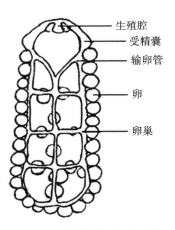

生殖腔
受精囊
输卵管

卵

卵巢

图2-5　雌性蝎生殖系统

的生殖腔中，经雌性孔（生殖孔）通到体外。生殖腔靠近生殖孔，只用于交配。生殖腔与两侧膨大的精囊相通，便于向精囊转移精子并长期贮存。雌性孔为一圆形小孔，与生殖腔相通，是交配的器官。

（2）雄性生殖系统　由内外两部分构成，与一般动物不同的是，雌性蝎与雄性蝎生殖系统的解剖学差别并不太大。雄性生殖系统由精巢、输精管、雄性孔、生殖腔、贮精囊、圆柱腺和精荚腺等组成（图2-6）。精巢位于消化管的腹面，左右各1个，未愈合、分节明显，呈梯形。精巢各连一条细长的输精管，管的末端通入膨大的贮精囊，交配轴与贮精囊相连，交配轴有一叉枝，由叉枝颈部折回部分与输精管呈并列折叠形式，也贮存于盲囊间。交配时，雄性蝎子交配轴展开伸直，从生殖孔伸出，在交配轴全部裸露于体外后，贮精囊的精液排入

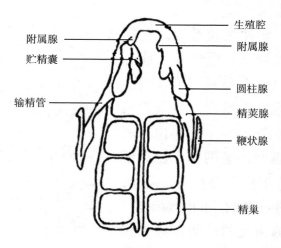

图 2-6　雄性蝎生殖系统

交配轴，排精后交配轴自叉枝颈部断裂，遗落在地面。此外，与生殖腔相通的还有1个小的附属腺，1个呈圆柱状的圆柱腺和1个长的精荚腺，这3个腺体统称为附属腺，能分泌黏液。黏液与精子一起构成精液团，蓝色、球状，故称精球。另外，黏液将交配轴包起来，形成一个略成棒状、长约1厘米的精荚，交配时依靠精荚传送精液。

6. 排泄系统 蝎子的排泄露器官由2对马氏管及1对基节腺组成。马氏管呈细长的管状结构，管壁很薄，管腔很小，管的末端有小分枝，呈游离的盲管，管内外有许多纤毛。另一端开口于中肠与后肠连接处，呈囊状体，囊内有丰富的毛细血管，两端之间有弯曲盘旋的细管相连。整个马氏管游离在血窦之中，能从血液中吸收机体在新陈代谢过程中形成的尿酸和其他多种废弃物，借纤毛的摆动将其变成尿液送入后肠，混入粪便一同排出体外。

7. 神经系统 蝎子为低等动物，其神经系统较为简单，主要由神经中枢与周围神经组成，神经中枢分节明显，它有脑神经节、咽下神经节和咽神经等5个神经节与中枢神经相连组，属于链状或索式神经系统。

蝎子脑神经节又称咽上神经节，不发达，呈双叶形，位于食道的背面，分枝到触肢和步足。咽下神经节位于食道的下方，分枝到脚须和足。由脑神经节分出1对神经纤维，绕过食道，形成围咽神经，并与咽下神经、腹神经索相连。腹神经索呈索状，是由咽下神经节向后伸出的纵神经链，具有7个腹神经节，每个神经节再分出横向神经伸向体壁及内脏器官。另外，从脑神经节还分支出许

多分枝神经，分别分布于眼、附肢、生殖厣、栉板等处。

8. 感觉器官　蝎子的感觉器官主要有眼、栉状器及身上的毛。

眼有 1 对中央眼和 3 对侧眼，其中中眼比侧眼发达，但都是单眼。每个单眼有角质警惕器、表皮层和网状细胞构成。单眼的视力较差，但有敏感的感光能力。蝎子靠单眼能感知光线的强弱，对强光避而远之，而对弱光却往往又有趋向的行为。

蝎子腹部的栉状器中布满了神经末梢和感觉细胞，是特殊的感觉器官，具有感觉维持身体和感知异性的功能，在母蝎交配时栉状器在传递精荚时起着决定性的作用。

蝎子全身表面遍布触毛，以附肢表面最多，其毛基部膨大形成球状，里面有很多感觉细胞。由于感觉细胞的分布和种类不同，毛的感觉功能有所区别，有专门感觉触觉的触毛，有专门的听觉感受器——听毛，还有专门感觉味觉的感受器——味毛。蝎子能嗅出外界环境中各种有害气味如农药、酒味等而逃走。蝎子交配时，公蝎能够嗅到母蝎散发出清香味——性诱集素，而前往与母蝎交配。此外，蝎子的外骨骼还有感知和传递感知压力的作用，帮助蝎子选择蝎窝、向前或向下爬走。

（三）蝎子的雌雄鉴别

蝎子属雌雄异体，成蝎的两性差别较为明显，主要表现在以下几个方面：

（1）体长、体宽不同。雄蝎身体比雌蝎长、宽。雌蝎体长 4～4.5 厘米，体宽 0.7～1 厘米；雄蝎体长 5～6 厘米，体宽 1～1.5 厘米。

（2）角须的钳不同。雌蝎的触肢钳细长，可动指的长度与掌节宽度之比为 2.5：1，可动指基部内缘无明显隆起；雄蝎触肢钳粗短，可动指的长度与掌节宽度之比为 2.1：1，可动指基部内缘明显降起（图 2-7）。

（3）躯干宽度和后腹部宽度的比例不同。雌蝎躯干宽度超过后腹部即尾宽 2～2.5 倍，而雄蝎不到 2 倍（图 2-7）。

（4）胸板下边的宽度不同。雌蝎的胸板下边较宽，而雄性蝎的胸板下边较窄（图 2-8）。

（5）生殖厣软硬不一样。雌蝎的生殖厣较软，而雄蝎则较硬。

（6）生殖厣下有无蛋形瓣片。雌蝎的生殖厣下有一较大的蛋形瓣片，而雄蝎则没有蛋形瓣。

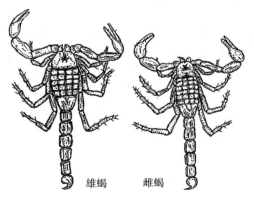

雄蝎　　　雌蝎

图 2-7　雌雄蝎外形鉴别

（7）栉板齿数不同。雌蝎的栉状板齿数一般为 19 个，雄蝎的栉状板齿数为 21 个（图 2-8）。

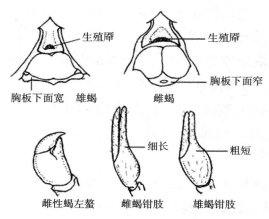

图 2-8　雌雄蝎鉴别

二、蝎子的生活习性

（一）蝎子的生活史

蝎子具有较强的适应环境的能力，其生命力非常顽强。据报道，野生蝎若在适宜的温度、湿度等环境条件下，即使缺食 1 年仍不致饿死。常温下，蝎子从仔蝎到成蝎需要 3 年左右的时间，蝎子的繁殖期为 4～5 年，每年产 1 胎，寿命高达 7～8 年，产仔期约 5 年。在自然条件下，人工养殖的蝎子与野生蝎子的生活史基本相同，并且由于家养蝎子受到人为的保护和管理，因而其一般生长发育和繁殖都优于野生蝎子。通过人为创造恒温（26～38℃）条件，可以部分地改变蝎子的生活习性，使其一年四季均能生长发育，各龄期的蜕皮间隔时间也明显缩短，从仔蝎到成蝎只需8～10个月，交配过的雌蝎3～4个月便可繁殖1次，全年能繁殖2～3次，养蝎效益可明显增加。

蝎子具有变温动物的共同特性，即在一年的生长发育周期中，随着季节气候的变化而表现出不同的生活方式。在人工养殖蝎子时必须充分了解这一特点，在实际饲养过程中加以掌握，以便达到事半功倍的效果。在我国北方大部分地区，野生蝎子一年中可分为生长期、填充期、休眠期和复苏期4个阶段。

1. 生长期 一般从清明到白露（150～160天），是蝎子全年中营养生长和繁殖生长最佳阶段，故称为生长期。每年在清明节前后，气温逐渐回升，气候逐渐转暖，昆虫开始复苏出蛰，野生蝎的天然适口食物逐渐增多，蝎子的消化能力也随着气温的升高而不断增强，其活动范围和活动量也日渐加大。在此期间，以夏至至处暑活动最为活跃，采食量大，新陈代谢最为旺盛，是营养生长和繁殖生长的高峰时期。蝎子的交配和产仔也大都在此期间进行。在人工养殖条件下，如果给以适宜的条件则可延长其生长期。

2. 填充期 从秋分至霜降（45～50天），这期间蝎子将积极积累和储存营养，为进入冬眠入蛰前进行生理准备，故称为填充期。自秋分以后，气温开始逐渐下降，野生蝎为了越冬，食量大增，尽量寻食，补充营养，并将所摄取的营养转化为脂肪储积起来，以便供给冬季休眠期和来年复苏期所需的营养消耗。

3. 休眠期 从立冬至雨水期间（120～130天），在此期间蝎子的生长发育完全停滞，新陈代谢降到最低水平，处于休眠、完全不吃不喝的状态，以安全度过冬季不良环境条件，故称为休眠期或蛰伏期。秋末冬初，气温逐渐下降，天气转冷，蝎子即停止采食等活动，大多数集体转移潜伏于距地表30～80厘米深的窝穴内，缩拢起触肢与步足，尾部上卷，蛰伏越冬。

4. 复苏期 从惊蛰至清明（30～50天），此时严冬已过，暖春将临，结束休眠状态的蝎子开始苏醒出蛰，故称为复苏期。

惊蛰以后，气温开始上升，蝎子便由静止状态逐渐转入活动状态，此过程即为复苏。但由于早春气温偏低且昼夜温差较大，这时蝎子的消化能力和代谢水平还较低，其活动时间和范围也都不大，除白天晒暖时间逐渐有所增长外，夜间很少出窝活动。此时蝎子只能凭借躯体所具有的吸湿功能自环境中吸收少量的水分，利用填充期所储积的营养物质和食入少量的风化土来维持生命。

（二）蝎子的习性

1. 栖息环境 野生蝎子喜欢生活于片状岩杂有泥土的山坡，周围环境不干不湿，有些草和灌木，植被稀疏的地方。在树木成林、杂草丛生、过于潮湿、无石土山或无土石山，以及蚂蚁多的地方，蝎子少或无。蝎子大多居住在天然的缝隙或洞穴内，但也能用前3对步足挖洞。蝎子喜温暖，怕严寒，生长繁殖最适宜温度为25～35℃。当气温降到10℃左右时，蝎子便潜伏土中冬眠，在窝中不食不动；当气温上升到10℃以上时，又开始苏醒活动。在适宜温度下，蝎子最为活跃，生长发育加快，产仔、交配也大都在此温度范围内进行。当温度超过39℃，机体水分蒸发量加大，又得不到补充水分时，蝎子就会兴奋不安，发生异常行动，如互相残食、咬杀，或因极度缺水而死亡；有时表现抑制型，类似冬眠现象，称"夏眠"。温度超过41℃，蝎子极易出现脱水而死亡。温度超过43℃时，则蝎体很快产生烘干性失水，肢体瘫痪，迅速死亡。蝎子生活习性与温度的关系见表2-1。

表2-1　蝎子活动、生长发育、蜕皮时间与温度关系

温　度	孕蝎产仔时间	采食时间	蜕皮所需时间	每日活动时间
35～38℃	1分钟产仔2个，不间隔	2～3天	60分钟	4.5～5小时
30～35℃	1分钟产仔2个，间隔10分钟	3～4天	70～90分钟	4小时
28～30℃	2分钟产仔	4～5天	130～180分钟	3.5小时
24～28℃	3分钟产仔1个，但难产，一般仔蝎死亡60%，孕蝎死亡30%	7～10天	180～350分钟	3小时

续表 2-1

温　度	孕蝎产仔时间	采食时间	蜕皮所需时间	每日活动时间
20～24℃	不产仔，孕蝎死亡很多	10～15 天	蜕不下皮而死亡，占 40% 左右	2 小时
10～20℃	不产仔	20～30 天	不蜕皮	不太活动
10℃以下	不产仔	不吃食	不蜕皮	不活动

　　蝎子有迁徙习性，如栖息环境不适宜，便会迁徙逃跑。野生蝎子如果遇上久旱无雨，湿度太低，这时就会钻入地下约 1 米深的湿润缝处躲藏；若遇阴雨天气，地上有积水，窝内空气相对湿度超过 80%，这时蝎子又会离开窝穴，爬到无水的高处避水。因此，人工饲养蝎子时要十分注意饲料含水量、饲养场地和窝穴的湿度。一般来说，蝎子的活动场所湿度宜大一些，而栖息的窝穴则要求稍干燥些，这样有利于蝎子的生长发育和繁殖。但湿度也不宜太低，如果活动场所和窝穴过于干燥，而且投喂的饲料中水分又不足时，也会影响蝎子的正常生长发育，甚至诱发互相残杀。活动场所空气相对湿度以 60%～80% 为宜，窝穴的湿度以 15%～20% 为宜。

　　在人工饲养条件下，由于环境条件的改变，蝎子的生活也出现许多新的现象和特点：其一，由于饲养密度大或饲料缺乏等原因，蝎子常会发生争窝、争食而互相残杀。其二，雌蝎在产前产后尤怕惊吓。若雌蝎在产前受惊吓，便会造成挤压、跃摔，从而引起"流产"；若产后受到惊吓，伏在雌蝎身上的仔蝎便会从母背上摔下，往往会被雌蝎踩死、撞死或吃掉。其三，蝎子的外逃能力很强，如果养蝎设备不严密，蝎子会利用一切条件，想方设法逃脱，而且蝎龄越小，逃脱能力越强。

2. 活动规律　蝎子胆小易受惊，稍有异常的响动，就会马上躲避，静止不动。蝎子喜欢群居，野生蝎常在固定的窝穴内结伴定居，每窝的数量视窝穴的大小而定，少则2～3只，多至5～7只或更多。每个穴窝内有雌有雄，有大有小，和睦相处，很少发生互相残杀的现象。

蝎子是冷血动物，有冬眠的习性，一般每年11月上旬，在立冬前当气温下降到10℃左右，便开始慢慢入蛰冬眠，在窝内不食不动。在4月中下旬，即惊蛰以后，当气温上升到10℃以上时，又开始苏醒活动，全年活动期6个多月。尽管冬眠期间蝎体各种代谢十分微弱，但毕竟没有停止，体内仍需消耗营养物质，而且消耗量不算小。因此，蝎子冬眠开始前大量摄食，以脂肪、蛋白质的物质形式储存在体内，供冬眠期营养消耗。所以，蝎子在冬眠开始前1个月，就要增加营养，储备足量的营养物质，以供冬眠之需。

蝎子具有识别穴窝和认群能力。喜欢昼伏夜出，白天常躲在窝中休息，寻食、饮水及交尾活动多在夜间进行。一天当中，蝎子多在日落后晚8～12时出来活动，到凌晨2～3时回窝栖息。蝎子这种活动规律视气候条件而定，一般在温暖无风、地面干燥的夜晚出来活动，在有风的时候则很少出来活动。一年中，5～6月份和

8～9月份蝎子多于晚7时出来活动，9～10时回窝，每天活动2.5小时左右；7月份，晚8时出来活动，12时回窝，活动时间长达3～4小时；11～12月份出窝和回窝时间都提前，其中11月份提前到晚5时左右，一天活动时间约2小时。

3. 食性 蝎子是一种捕食性食肉动物，自然野生状态下，喜欢吃软体多汁的小昆虫，如黄粉虫、地鳖虫、蚯蚓、蟋蟀、蚂蚱、蜘蛛等，偶尔也吃风化土和幼嫩多汁的植物和水果。通过人工喂养试验，发现蝎子爱吃米蛾幼虫、玉米螟幼虫、地鳖虫若虫和黄粉虫幼虫。此外，小蝎子还爱吃洋虫幼虫、印度谷螟幼虫和螳螂的若虫。至于蝇蛆、家蚕、鼠妇等，仅在没有其他食物时勉强采食（图2-9）。

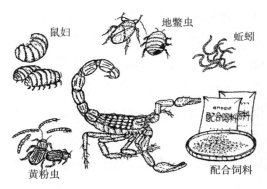

图2-9　蝎子的食性

人工养蝎时多用配合饲料，但也可喂些新鲜的肉类，如猪肉、牛肉、鱼肉类，但要生喂，因蝎子不吃熟肉。蝎子因体内有盲囊贮存食物，所以耐饥能力很强，一般每5～7天采食1次，每次采食量很大，饥饿时一次能吃掉与自己体重相等的食物，故不必天天喂食。虽然蝎子耐饥力较强，但若长时间内得不到食物就会互相残食，一般是强吃弱、大吃小、母蝎吃公蝎。

蝎子捕食时，先张开螯状钳，向猎物步步逼近，然后突然将猎物钳住。蝎子的口小，口中又没有牙齿，因此进食时先从口中吐出含有消化酶的唾液注入猎物中，使猎物的肌肉、内脏消化溶解成液体状，然后一口一口地吮吸，将液汁吸尽。与此同时，其还可以用螯肢上的齿研磨食物，将猎物研成细块吞入口中。由于消化液的消化和研磨同时起作用，使蝎子又能吮吸又能吞食，因此多将猎物吃得精光，有时仅留下少量坚硬的细小残渣。

4. 趋性　蝎子怕强光，大多栖息在山坡石砾、树皮、落叶下，以及墙隙、土穴中和荒地的潮湿阴暗处，昼伏夜出（图2-10）。但蝎子也需要一定的光照度，对弱光有趋性，以便能吸收热量，促进新陈代谢，提高消化能力，加快生长发育，以及有利于胚胎在体内孵化的进程，缩短怀胎时间。据报道，蝎子对弱光有正趋性，对强光有负趋性，夜间将马灯放在饲养池内，蝎子有慢慢靠拢过来的现象；若用手电筒突然照射，则会很快逃走。蝎子最喜欢在较弱的绿色光下活动。

蝎子胆小怕惊，怕光，喜群居，昼伏夜出

图2-10　蝎子的活动规律

蝎子视觉迟钝，基本上没有搜寻跟踪、追捕以及远距离发现目标的能力。蝎子行走时尾平展，仅尾节向上卷起；静止不动时，整个尾部卷起，尾节折叠于中体第5节的背上，毒针尖端指向前方；有时尾卷起，在体一侧放在地上，当受到惊吓时，尾部使劲向后弹，呈刺物的姿势。所以，养蝎房光线要暗，安装的电灯泡瓦数不宜太大。

另外，蝎子的嗅觉十分敏感，对怪味有负趋性，当遇到各种强烈的气味，如油漆、汽油、煤油、沥青，以及各种化学品、化肥、农药、生石灰等有强烈的回避现象。蝎子对各种强烈的震动和声音也十分敏感，有时甚至会被吓跑，终止采食、交尾繁殖、产仔，带仔母蝎可出现吃仔、弃仔现象。在饲养和运输时一定要注意避免。而在采收蝎子时，用酒精和烟喷也正是利用这一点。

5. 繁殖习性 蝎子为雌雄异体动物。雌雄蝎经过交配产生受精卵，受精卵在雌蝎体内（前腹部）完成整个胚胎发育，最后孵化成仔蝎产出体外。在整个胚胎发育过程中，仔蝎需要的营养物质全靠本身的卵黄，不靠母蝎，故称卵胎生。在自然温度条件下，仔蝎3年才能长为成蝎，但人工加温饲养，1年则可性成熟，雌雄蝎随时都可以交配、繁殖。

性成熟的雌蝎一年有两次发情期：一次是在每年的春季5～6月份，称为"产前发情"；一次是在产仔后，仔蝎脱离雌蝎背不久，约在8月份前后发情，称为"产后发情"。雌蝎发情后，特别是初产雌蝎第一次发情时，必须立即捉放雄蝎进行交配。在一窝蝎中，雌雄蝎个体的比例一般为 3∶1，即一公三母。

　　雌蝎接受精子后，精子可以长期在受精囊内贮存，交配一次可连续产仔 3～5 年。雌蝎从交配到产仔，自然温度条件下需 10 个月，如加温饲养，就可缩短到 5 个月，每胎可产仔 20～40 只，平均 30 只，雌蝎的寿命可达 8 年。交配后的雄蝎，由于个体的原因，大约有 1% 会自然死去，这是生物界强者生存、弱者淘汰的自然现象，无论是人工养蝎还是野生蝎均是如此。

　　6. 生长发育特性　　蝎子为卵胎生动物，从仔蝎产出到长成成蝎，不经过变态过程，但要经过 6 次蜕皮，野生蝎子需要 3 年，人工养殖的蝎子需要 1 年以上才能长成成蝎。刚孵化出来的幼蝎没有独立生活的能力，既无力寻找适宜的生存环境，也不具备对敌害的防御能力，所以必须由雌蝎背负着（图 2-11），经过一段时间后才能离开雌蝎独立生活。小幼蝎在母背阶段，不吃不喝，也不活动，主要靠腹内残存的卵黄为营养，来维持生命。

图 2-11　雌蝎背负幼蝎

幼蝎到第 5 天开始在母背上蜕皮，一般产后 7～10 天仔蝎就逐渐离开母背而独立生活。

蝎子从出生到性成熟，需要蜕皮 6 次，每蜕皮 1 次增加 1 龄，每次可增长 5～7 毫米。从仔蝎到成蝎的 6 次蜕皮过程中，也是它 6 次增长的过程。蝎子从第一次蜕皮到第六次蜕皮，其体长的增长是呈跳跃式演变的。初生仔蝎称一龄蝎，体长约 1 厘米，体呈乳白色，形如大米粒，身体肥胖，活动微弱，并有序地排列在雌蝎的背上，而不在雌蝎的头胸部和触肢上，以免影响雌蝎接受外来信息，四周的幼蝎头部大都向外。仔蝎出生后 4～6 天开始第一次蜕皮（在母背上），需要 1～3 小时，其时间长短取决于外界环境温度的高低。蜕皮后称二龄蝎，体呈棕黄色，体长约 1.5 厘米。1 个月后进行第二次蜕皮，成为三龄蝎，体长 2.0～2.3 厘米，不久进入冬眠。翌年 6 月进行第三次蜕皮，成为四龄蝎，体长 2.8～3.0 厘米。8 月份进行第四次蜕皮，成为五龄蝎，体长 3.4～4.0 厘米。第三年 5～6 月份进行第五次蜕皮，成为六龄蝎，体长 4.5 厘米以上。8～9 月份进行最后一次蜕皮，成为成蝎，体长约 5 厘米，此时从外形上已可分辨出雌雄了。

从 2 龄以后每一次蜕皮前，蝎子都要先寻找一个温湿度适宜的地方。一般蝎子在蜕皮前 1 周便进入半休眠状态，不食少动，皮肤粗糙，体节明显，腹部肥大，旧的表皮与新生的真皮开始分离。幼蝎蜕皮时一般用前足爪扒牢砖泥，作为固着点，附肢向内弯曲，停止活动。

数分钟过后，借着后腹部的蠕动，旧的表皮便从头胸部的螯肢与背板之间的水平方向开裂，头部先从背缝线中脱出，随后附肢和前腹部也陆续脱出。蝎子蜕皮的时间较长，一般需 3 小时左右。蝎子蜕完皮后，在原处休息，不动不食，体内各组织和器官在迅速扩增。

三、外界环境因素对蝎子的影响

蝎子的生长发育和繁殖受到外界许多环境因素的影响，尤其是人工养殖蝎子改变了其生态环境及生活习性，不利于蝎子的生长发育和繁殖。因此，必须了解各种环境因素对蝎子的影响，从而创造一个更适合蝎子生长发育和繁殖的生态环境，提高人工养蝎经济效益。影响蝎子生长发育和繁殖的因素很多，归纳起来主要有以下几点。

（一）温　度

蝎子为冷血动物，机体没有调节体温的功能，体温只能随着周围环境温度的变化而变化，因此蝎子的交配、产仔、生长发育和繁殖以及休眠越冬等活动，均需在适宜的温度下才能进行。

当温度在 –5～40℃时蝎子均能生存，低于 –5℃会被冻僵、冻死，高于40℃会患体懈病死亡。温度在 –5～10℃时，蝎子会失去活动能力，不食不动，开始入蛰休眠。温度在 10～12℃时，休眠的蝎子开始苏醒出蛰。温度在 12～20℃时，蝎子的活动减少，同时生长发育受到抑制，往往因消化不良而产生腹胀，还会使母蝎体内仔蝎孵化期延长和停止交配，孕蝎会由于腹胀导致体内仔蝎孵化失败而终身不孕或死亡。

蝎子生长发育适宜温度为 20～39℃，但如果温度在 20～25℃之间，则初生蝎的吸收蜕变期、雌蝎的产后息养期相应延长，甚至有时会因气温长期偏低造成母仔双亡。当温度在 28～39℃时，蝎子的活动最旺盛，且充满活力，生长发育加快，产仔、交配大都在这个温度范围内进行。当温度在 32～38℃时，初生仔蝎的吸收蜕变期和母蝎的产后息养期最短。当温度在 40～42℃时，蝎体内水分的蒸发量加大，在得不到及时补充时，极易引起脱水死亡现象。当温度超过 43℃时，蝎体会很快产生烘干性失水，表现为肢体瘫痪，不久便死亡。

从刚出生的仔蝎到成蝎、孕蝎的各个发育阶段，对温度的要求是不一样的。刚出生的幼蝎，若气温在 30℃以上，10～30 分钟便蜕壳而出，爬上雌蝎的背上，经 5～7 天第一次蜕皮后便可离开母体自由寻食；若气温低于 25℃，幼蝎则难以蜕壳而夭折，或者活力不够，爬不上母背而死亡。当温度下降至 15～20℃时，第一次蜕皮的幼蝎食欲及活动明显下降，第二次蜕皮就难以进行，生长会停滞。以后的几次蜕皮同样要求温度在 30℃左右最为理想。

蝎子繁殖也要求一定的适温范围，但该范围较生长发育的适温范围窄，一般接近于蝎子生长发育的最适温度范围。在此范围内，蝎子的繁殖力随温度的升高而增强。30～41℃对雌蝎孕卵及胚胎发育最适合，27～38℃对产仔最适合，20～24℃即不产仔；25～36℃对雄蝎发育最适合。成蝎在较低的温度下虽能生存，寿命也较长，但其性腺不能发育成熟，不能交配产卵，或产卵极少且多为不孕卵；当气温低于25℃时，胚胎发育延缓，临产母蝎常常发生流产；当昼夜温差超过10℃时，流产现象更严重。在过高温度下，成蝎寿命短，特别是雄蝎精子不易发育形成，或失去活力，也影响交配行为；雌蝎产下的卵多为未受精卵。雌雄蝎交配的最适温度范围为30～35℃，过高或过低对蝎子交配都会有影响。

（二）湿　度

影响蝎子生长发育和繁殖的湿度包括两个方面：一是空气湿度；二是蝎窝和蝎池沙土的湿度。

1. 空气湿度　空气湿度是指空间环境中大气的水含量程度。空气湿度偏高或偏低对蝎子的生长发育和繁殖有着重要的影响。空气湿度偏低，蝎子龄期蜕皮困难，甚至蜕不下皮而导致死亡；空气湿度偏高，会滋生有害细菌和霉菌等病原微生物，诱发细菌性和真菌性蝎病，从而影响蝎子的正常生长发育。空气相对湿度以65%～75%为宜。

2. 蝎窝和蝎池沙土湿度　是指蝎窝和蝎池中的瓦片、土壤、沙土等的含水率，可用以下方法测算：从蝎窝或蝎池中取样品若干，称重后放入烘箱中烘干，再称重，然后按照下面公式计算，即可算出蝎窝或蝎池的

土壤湿度。

$$土壤湿度 = \frac{湿土重量 - 干土重量}{湿土重量} \times 100\%$$

蝎子在不同的生长发育阶段，对蝎窝土质含水量和蝎池内泥沙的湿度的反应和要求存在很大的差异（表2-2、表2-3）。

表2-2　蝎池泥沙湿度对蝎子生长发育的影响

泥沙湿度（%）	泥沙的形状	与蝎子生长发育的关系
1～3	较干燥	生长发育停止
4～9	较湿润	生长发育缓慢
10～20	湿润，手捏成团，松手即散	生长发育良好
21以上	搅拌成泥团或稀湿	很快死亡

表2-3　蝎子在不同发育阶段对蝎窝土质含水量的反应

发育阶段	最佳土壤含水率（%）	对过高含水率的反应	对过低含水率的反应
孕蝎	5～10	高于18%，卵停止发育，组织积水	低于3%，20天后卵或胚胎死亡
母蝎	6～12	高于20%，发生水肿病	低于4%，卵子发育缓慢
2～4蝎龄	7～15	高于25%，水肿病死亡率高	低于6%，生长发育缓慢
5～6蝎龄	7～15	高于25%，死亡率高	低于5%，生长发育缓慢

续表 2-3

发育阶段	最佳土壤含水率（%）	对过高含水率的反应	对过低水率的反应
母子蝎	10～17	高于 25%，死亡率高	低于 5%，大吃小严重
蜕皮期或半蜕皮期小蝎	8～15	高于 25%，死亡率高	低于 6%，蜕皮时间延长
冬眠期	5～10	高于 20%，死亡率高	

　　人工养殖蝎子对沙土湿度的要求是：窝内要干燥些，活动场地要湿润些。

　　一般蝎子活动场地的空气相对湿度以 70% 左右为宜。如果活动场所和窝穴湿度过大，容易招致病原微生物的侵害，引起发病，同时还会造成蜕皮障碍；反之，如果活动场所和窝穴过于干燥，饲料水分又不足时，蝎子的正常发育就会受到影响，还有可能产生生理性病变，甚至诱发个体间的相互残杀。在休眠期内，窝穴的空气相对湿度也应稍低些，一般以 10%～15% 为宜；湿度也不宜过高，以免引起病害。

　　在进行人工无休眠期养殖时，尤其应注意蝎窝内温度与湿度的调节和控制。实践证明，在无休眠期饲养管理过程中，极易造成温度与湿度二者间的不协调。因此，要特别注意防止高温产生的高湿和干燥现象，以保证蝎子的健康生长发育。

（三）水

蝎子的生长发育离不开水分，缺乏水分，将影响蝎体正常生理活动的顺利进行。据测定，蝎子躯体的含水量约占其体重的 55%。

当水分缺乏时，蝎子机体的新陈代谢将不能正常进行。因此，蝎子必须不断地从外界获取相应的水分，以保持体液平衡，使机体活动顺利完成。蝎子在不同生长发育环境阶段所需要的水分不同。例如：蝎子冬眠时，需要的水分很少；而生长发育阶段，机体因代谢旺盛需要消耗掉大量水分，所以对水分的需求量就大些。尤其是在人工养蝎条件下，由于环境湿度变化大，所以要供给蝎子足够的饮水。

蝎子对水分的获取主要有三个途径：一是通过进食获取，因为蝎子采食的昆虫等食物水分含量高达 60%～80%；二是利用体表、书肺孔从大气和土壤中吸收水分；三是在非常干燥的情况下，直接吸取水分。其中第一和第二种途径是蝎体水分的主要来源。一般情况下，当环境湿度正常、食物供应充足时，蝎子一般不需要饮水。

（四）风化土

蝎子为穴居，其一生大部分时间都在蝎窝中度过。蝎窝一般为泥石构成，即使天然石缝中也有大量泥土（风化土）。风化土中含有丰富的微量元素和矿物质，对蝎子生长具有独特的作用。观察发现，如果蝎子长期在无土的环境中会表现食欲不振，逐渐消瘦，光泽尽失和不能蜕皮等现象。而在有水分和风化土的情况下，蝎子即使不吃不喝也能存活 8～9 个月，其他任何一种饲料都不具备风化土的这种作用。例如：蝎子在填蜕期后期，食入一定数量的风化土，用风化土直接吸收躯体内游离水分和消化道内的多余水分，从而加速了入蛰前的脱水过程；在气温偏低时，风化土则成为蝎子的主要食物，可以帮助其度过不利的春寒时期，即使在生长期内，其消化道内仍有少量风化土存在，同时小蝎子在蜕皮的过程中风化土也会起到很重要的作用。

蝎子对风化土的酸碱度比较敏感。要求风化土以中性为宜，pH 值为 7 左右，一般不超过 9，不低于 5，过酸过碱都影响蝎子栖居。因此，在北方盐碱地区、南方酸性红壤区都没有蝎子栖居。

（五）光　线

蝎子喜阴，对弱光有正趋性，但怕强光直射和阳光暴晒。蝎子一生大多数时间是躲在洞穴里度过的，交配产仔也是在光线较暗的地方进行，只有到晚上 7～12 时，蝎子才会出来活动觅食。虽然如此，蝎子仍然需要借助太阳光来吸收辐射热，这样有利于生长发育和体内胚胎的孵化。野生蝎子通常在早春日温 12～18℃时，开始在距土表 2～5 厘米的缝隙内、厚度 1～1.5 厘米的坡下，吸收阳光的热量，称晒暖。因此，蝎子也不能常年处于阴暗潮湿之中，应当有一定的光照，尤其是在整个冬蛰期间，应尽量使养殖室、垛体等接收到光照，想方设法延长光照时数，或采取适时晒垛等措施，以防止养殖室内过于潮湿，确保蝎子安全越冬。

（六）风

风对蝎子的活动有很大的影响。在野生的自然状态下，春季若刮西南风，特别是雨后的西南风，第二天蝎子外出活动就较多。蝎子在夜晚外出活动时，一般顺着微风跑得很快，而逆风则很慢。在大风天气以及暴风雨即将来临的时候，蝎子很少外出活动，但是在人工饲养的室内，恒温养殖的蝎子受风的影响很小。

（七）空　气

蝎子对空气缺乏有很强的耐受力，而且能够自空气中获取水分和热量。但是蝎子主要是靠书肺进行呼吸作用，其生活环境中空气的冷热和干湿状况，以及蝎房内空气中的氧气和二氧化碳的含量，对其生长发育有直接影响。尤其是蝎子对二氧化碳和一氧化碳的气味特别敏感，易引发中毒。如果蝎房通风不好、空气不流通，就不能使蝎子吸入足够的氧气，从而阻碍体内的新陈代谢活动；同时，由于蝎房内的二氧化碳不能及时排出，也不利于蝎子的健康。所以，人工室内养殖蝎子时要注意开窗，以保证空气的流通，冬季在房内用煤炉加温时一定要将废气排到房外，以免蝎子发生二氧化碳、一氧化碳中毒死亡。

（八）天　敌

自然界中，蝎子的天敌很多，主要有老鼠、螳螂、鸡、鸭、鸟、蛇、壁虎、青蛙、蟾蜍、蚂蚁、黄鼠狼、蜥蜴等。人工养殖时最首要的防备对象是壁虎、老鼠、蚂蚁、鸡和鸟等。

1. 壁虎　行动敏捷，善钻隙，不易被发觉且抗毒，不惧蝎子蜇刺。主要危害幼蝎。

2. 老鼠　善爬高，能打洞。它不仅危害蝎子和蝎子的饲料虫，而且破坏养蝎设施。尤其是人工养殖蝎子处于休眠状态后，一旦有老鼠进入饲养室，则会对蝎子造成很大的危害。一只老鼠在一昼夜便可以吃掉或致残数以百计的入蛰休眠蝎子，有的饲养室内的蝎子甚至被全部吃光。

3. 蚂蚁　不仅抢食蝎子的饲料虫，而且会群集攻击、蚕食蝎子，对幼蝎和正在蜕皮及刚蜕皮未恢复活动能力的蝎子危害较大。

4. 鸡和鸟　鸡和鸟等禽类主要是白天危害野生蝎，它们在营巢、觅窝和扒寻食物时，捕食栖息在土穴窝洞、树皮、落叶、碎草、碎石下和墙壁缝隙内的野生蝎子。人工养殖蝎子饲养室内一旦有鸡和鸟进入，会造成严重的损失。

第三章
蝎子的养殖技术

一、蝎种的选育与投放

（一）引　种

蝎种的来源有两个途径：一是就地捕捉野生蝎，二是向养蝎场（户）购买。

正规养蝎场养殖的种蝎，一般都是经过驯养选育过的优良蝎，繁殖力和适应性都比较好。而捕捉的野生蝎，野性大，多为近亲繁殖，繁殖率低，适应性较差，其质量比不上购买的经过杂交培育的良种蝎，也不好养。因此，在引种时，一般应首先从正规养蝎单位购买，以保证蝎种质量。

蝎子的引种一般应选择春秋两季。因为此时天气比较适宜，不冷不热，温度和湿度适宜蝎子的运输，即使运输时蝎子密度大一些，一般也不会造成死亡。最适宜的时间是 2～4 月份。这时蝎子冬眠刚刚苏醒开始活动，在保温条件下容易合群，气味相同，不会残杀，便于饲养管理，成活率高。一龄蝎引进饲养容易，但不好运输，有加温条件的养殖户，可在任何时间引种；对没有加温控温条件的养殖户，可在4月下旬气温上升、天气暖和时引种。三龄蝎在6～7月份引种较为合适；当年已产母蝎从7～9月份以后进行交配投种；2月份的一龄蝎，可在9月底引进，进行冬养（需加温条件）；二龄蝎引种任何时间均可。

　　捕捉野生蝎要视季节而定。群众经验是："清明时节坡上寻，谷雨以后地堰捉；春秋扒隙冬控窝，夏暑地面便可捉。蝎窝挖开蝎乱跑，撒土吹气慢慢捉"。捕捉野蝎时，首先在蝎子经常栖息的场

图3-1　蝎子喜欢夜间出来活动

地寻找蝎窝（图3-1）。若发现地面上有像石灰水洒状的白点点或白条，表明附近砖石缝隙中可能有蝎子窝，尤其是雨后晴朗无风天气，容易发现蝎子行迹，沿此痕迹寻找，即可找到蝎窝。一旦挖开蝎窝，蝎子则乱跑，随即撒上细土压住蝎子，并且吹上一口气，蝎子就会停止爬动。此时，可用竹夹子或镊子轻夹蝎子的前腹部或后腹部；徒手抓时必须抓蝎子的后腹部，以防蝎尾部卷曲过来蜇人（图3-2），捕捉到的野蝎可放入内壁光滑的瓷瓶或玻璃瓶内。

　　购买或捉到的种蝎，少量时可装入玻璃罐头瓶中

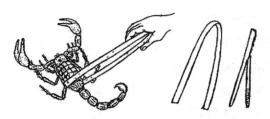

图 3-2　用竹镊子夹住蝎子的尾部

运输。瓶中先装入 2～3 厘米厚的湿土，每瓶可装种蝎 25～30 条。公母蝎要分开装。每瓶也不可装得太少，否则在运输过程中会互相残杀。种蝎数量较多时可利用种蝎运输箱盛装运输。运输箱的规格为长 50 厘米、宽 25 厘米、高 10～25 厘米，由木板装钉而成。制作时，箱底和四周可配以一定面积的塑料窗纱，以便透气，中间可隔成数小格，便于分类盛装。将种蝎装于透气性较好的包装袋内，将袋平放于运输箱中即可。

（二）选　种

无论是捕捉的野蝎还是购买的种蝎，都要进行选种，种蝎要选择体大、健壮、行动敏捷，腹大发亮，身长 4.8 厘米以上，后腹卷曲，且无异常表现者。从年龄上讲，应挑选成年母蝎，以挑选初产蝎、经产蝎和孕蝎最好，当年就能繁殖。中蝎虽然成本低，但要第二年方能产仔。一般来说，初产蝎体形稍小，皮肤鲜嫩，活动灵活；经产蝎体形较大，前腹部肥胖、饱满，活动较稳健，捕食较猛。

人工养蝎的选种，一般可分两个时期进行，第一次选种是在 4～5 龄的中型蝎子中进行。通过日常观察，挑选体形大、健壮活泼、无残缺、适应性强、抗病能力强、符合种蝎标准的个体作种蝎、集中单室饲养（图3-3）。第二次选种应在种蝎交配产完第一胎后进行，着重选那些产仔

图3-3　家养种蝎

早、产仔率高、母性强的蝎子作种。对雄蝎应选身体强健、体色光亮、活泼有力、性欲旺盛的作种用。对那些体壳粗糙老化、活动较呆滞、捕食迟钝的母蝎，应淘汰。这样坚持年年进行选优去劣，就能使该蝎种的优良性状体现出来，保存下去，有利于稳产高产。

（三）蝎种的投放

　　蝎种的投放季节，一般以4月下旬和5月上旬或7月初为宜。刚捕捉的野生蝎或购入的蝎种运回后不要立即放出。若是下午3时以前到达，让蝎子在安静的地方稳定4个小时左右，待晚7时放出；若是下午3时后到达，当天就不要放出蝎子，待第二天晚7时再放出。在蝎种投放以前，要反复检查饲养室（池、缸、箱、盆等）的安全性，在确认无纰漏后再投放。

　　由于蝎子嗅觉比较灵敏，从外引进的蝎群，或是几个饲养室中的各龄蝎，因蝎体带有不同气味，放在一起容易互相咬斗、厮杀。因此，投种时，将蝎群投入饲养室后，可用白酒或香烟烟雾熏喷，然后将饲养室封严数

分钟，各龄蝎便自然离去，气味也就相同了。投种时要尽量一次投足数量。如果是来源、品种相同的蝎子，气味一致，可一次一室直接投放，不用烟雾熏喷也可。引进蝎种时还要注意调整温差，以免两地温差过大而造成蝎子冻伤、流产或死亡。

在蝎子的饲养过程中，投放密度很重要。密度过低，浪费饲养面积，影响经济收入，特别是人工控温的饲养室，成本浪费更大；而饲养密度过高，受活动空间及食物的限制，蝎子间易产生互相残杀、弱食强食等现象。人工养蝎放养密度应根据蝎龄、季节、养殖方式和窝穴的设施等综合考虑。一般情况下，每平方米蝎窝放养二至三龄蝎子3000只，四至五龄蝎子1500只，六龄蝎子800只，种蝎600只左右，种蝎雌雄比例以1∶3～5为宜。对孕蝎，特别是临产蝎，最好用特制的有孔土坯或小罐广口瓶等作为产房单养，群养时以每平方米100～300只为宜。

二、人工养蝎方式

（一）家庭庭院式养蝎

家庭庭院式养蝎是指城乡居民利用闲置房屋或在庭院内、阳台上简单搭棚垒窝进行养蝎，由于饲养数量不多，也称中小规模式养殖。利用庭院养蝎其目的有多种：有的是为了探索养蝎经验，便于今后扩大养蝎规模；有的是因为看到养蝎前景，但受经济条件限制，没有资金建造蝎场、蝎房，只有在庭院内进行小规模养殖。

1. 瓶养 是指利用广口瓶（如罐头瓶）或一次性塑料杯子作蝎室（窝）的一种饲养方法。一般在瓶底面铺上2厘米厚的沙土，再加上一些碎石片、树叶。每只瓶（杯）内可以放2只雌蝎和1只雄蝎，让其自由交配繁殖，或每瓶内放一窝小蝎，或多只青年蝎，每隔3天投食1次。有条件的，可以做一些立体架子，充分利用空间，将瓶（杯）放在架子上饲养。该方式简单易行，适宜于初学养蝎者、科学实验研究及孕蝎的产房（图3-4）。

图3-4 架子瓶养蝎示意图

在规模养蝎场，该法专供雌蝎繁殖用，常用普通玻璃罐头瓶，瓶底铺一层潮湿沙土，放几片新鲜树叶，可保持瓶内湿度，放入临产雌蝎，每瓶一蝎，直到产出仔蝎，仔蝎蜕皮后离开母背，开始独立生活为止。该法有利于减少外界对雌蝎的干扰，避免仔蝎损伤，提高产仔成活率（图3-5）。

2. 盆养 是利用塑料盆或内壁光滑的瓷盆、铝盆等

图 3-5 瓶养雌蝎示意图

容器进行养蝎的一种方法。一般于盆底放 3 厘米厚的普通泥土或风化土，上放碎瓦片，饲养幼蝎时，最好用纱网将盆口封盖住，以防蝎子出逃（图 3-6）。盆养的投放量视盆的大小而定，一般口径 60 厘米的盆可以放养 60条蝎子。

图 3-6 盆养蝎示意图

此方法简便，易于操作，盆子可以搭成两三层进行立体饲养，成本低，管理方便，但饲养量不大，适宜于初学养蝎者或刚从雌蝎背上分离下来的幼蝎的过渡饲养。

3. 缸养 是利用内壁釉光无裂口和裂缝的大口陶瓷缸进行养蝎的一种方法。因缸底光滑影响蝎子休息，可在缸底铺一层有机质土并夯实，或将黄泥土用水调成糊，涂于缸底及缸壁的下半部分，放在阳光下晒干。也可直接在缸底铺垫一层5～10厘米厚的风化土或壤土并砸实，上覆沙子，再在沙层上叠放一些瓦片、空心砖或小木板等，作为蝎子栖息活动的垛体。垒成垛体的瓦片等要一片一片地叠起，最好叠成宝塔形，片与片之间的四角可用水泥浆或黄泥黏住，以增加蝎子栖息活动的空隙。垛体距容器的内壁约6厘米，垛体上放置供水用的海绵。缸口可用铁纱或尼龙网罩盖，以防蝎子逃逸及天敌入侵。为了保温，可以将缸的下部分埋在地下，缸口应离地面30厘米以上，以防蚂蚁等天敌进入。为了方便取瓦片，以免被蝎子蜇伤，可在瓦片上做两个小孔，用铁丝固定，并留有钩孔，取瓦片时用铁钩钩取（图3-7）。一般口径60厘米的浅缸可放养幼蝎300条左右。

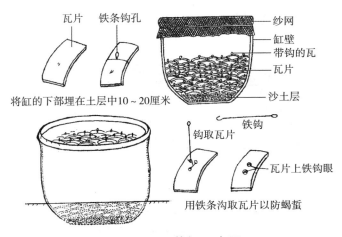

瓦片　铁条钩孔　　　　　　　　　　纱网
　　　　　　　　　　　　　　　　　缸壁
　　　　　　　　　　　　　　　　　带钩的瓦
　　　　　　　　　　　　　　　　　瓦片
将缸的下部埋在土层中10～20厘米　　沙土层

　　　　　　　　　　　　　铁钩
钩取瓦片
　　　　　　　　　　　　瓦片上铁钩眼
用铁条沟取瓦片以防蝎蜇

图3-7　缸养蝎示意图

该法最大的特点是操作简单，可利用废弃的瓷缸，减少投资，且缸的体积小、搬运方便。缺点是缸内通风不良，梅雨季节往往比较潮湿，易引起真菌性病原微生物的滋生，对蝎子的生长发育不利。本方法适合于饲养量少的家庭养蝎或饲养二龄蝎。

4. 箱养 是利用废旧木板或三合板制成木箱进行养蝎的一种方法。木箱一般规格为高 80 厘米、宽 60 厘米、长 100 厘米左右的，也可根据室内情况而定，或利用废旧的木箱，以易于操作管理为原则。为防止蝎子逃逸，可在木箱内壁四周的上部用塑料膜或玻璃条围覆一圈，也可以在离木箱口周边用 5 厘米宽透明胶粘贴或钉上 8～10 厘米宽的塑料板。在箱底铺垫 3～15 厘米厚沙土或风化土，土上用砖、瓦作垛体，或用多孔的煤炭渣设置隐蔽场所，以供蝎子活动和栖息。用尼龙网纱或铁网纱作箱盖，也可用三合板、马口铁皮，中间凿出无数小孔，作为箱盖（图 3-8）。

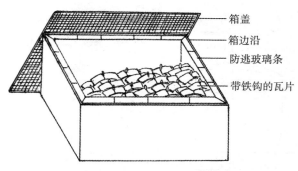

箱盖
箱边沿
防逃玻璃条
带铁钩的瓦片

图 3-8 箱养蝎示意图

　　该法养蝎简易，箱体可大可小，且轻便搬运方便。与盆养、缸养相比，饲养量大，若建成两三层的立体式箱架，可充分利用空间，饲养效果更佳。

　　5. 池养　是在室内或室外建造养蝎池进行饲养蝎子的一种方法。池养是目前大多数养蝎场（户）所采用的方法。蝎池可用砖块、土坯或石块砌成，池壁厚度 10～15 厘米，池的外壁用泥或水泥抹光。在池正面和侧面的上半部应留 30～40 厘米左右的池口，以供操作和观察。池口内上沿四周用 5 厘米左右宽的硬塑料纸或 5 厘米宽的玻璃嵌牢，以防蝎子外逃。在池内离四壁 15 厘米左右用砖瓦、石块或土坯平垒起多层，层间留有 1.5 厘米左右空隙的"假山"作蝎房，供蝎子栖息。"假山"的高度应略低于池口。也可以用多孔的煤渣堆砌作为蝎子活动栖息场所。池底可铺垫 3～5 厘米厚细土，最好采用老土墙基部的风化土，上覆沙子，沙子上放垛体，垛体和池内壁相距 6 厘米以上。池上罩尼龙纱并装拉锁作操作口，可将人工养殖的蝇蛆放进池内，待其羽化后供蝎子食用（图 3-9）。

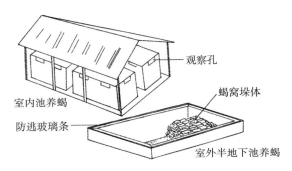

　　图 3-9　池养蝎示意图

蝎池的规格一般长 1 米左右，宽 60～80 厘米，高 30～50 厘米，具体可根据蝎房的大小和饲养数量多少而定，但以宽不超过 90 厘米、长不超过 1.2 米为宜，太大不容易操作管理，且放蝎多容易互相干扰和残杀；太小又浪费空间。蝎池与蝎池之间应留 80 厘米宽的工作道。通常每立方米的空间可以饲养 500 只成蝎，若要扩大养殖规模，可将蝎池建成两三层的立体池，以增加养殖数量和提高产量。

该法饲养量较大，且投资少，又容易按不同蝎龄及其不同生理特点进行饲养管理，有利于蝎的生长发育和繁殖，是目前最常用的一种饲养方法。

6. 坑养 是在地面下挖坑建造养蝎池进行养蝎的一种方法。坑养多在北方地区采用，必须选择水位低、下雨易排水的向阳高处挖坑。坑深 1 米左右，大小以饲养蝎子多少而定。坑壁上部四周内围贴上光滑的塑料薄膜或玻璃条，坑底土夯实后铺上风化土或细沙土，其上再垒瓦片、碎石或空心砖、有孔煤炭渣等，以供蝎子栖息。在室外建造的养蝎坑，在坑的上面可搭棚，以防雨淋日晒；在室内建的养蝎坑，只要加个木盖或铁盖即可（图 3-10）。此法坑内温湿度适宜，比较接近自然状况。

7. 架养 是在用金属或木板作框架，多层放置蝎箱或蝎盆进行养蝎的一种方法。架养适于室内养蝎，主要目的是为充分利用饲养室的空间，将养蝎箱或养蝎盆放置在架子上（图 3-11）。箱或盆内放置多层瓦片，瓦片

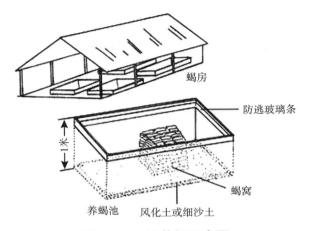

图 3-10 坑养蝎示意图

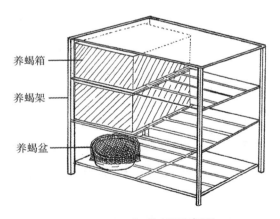

图 3-11 架养蝎示意图

上放置几块吸水海绵，供蝎子吸水。夏季炎热季节，用喷雾器向瓦片上喷洒清水，以调节温度和湿度。为防止蝎子外逃，用光滑材料在每层箱的内侧上边周围钉紧。若池上设架，池养和架养相结合，形成立体养殖，可提

高空间利用效率 2～3 倍。

制造养殖架可采用木材或金属作框架，规格大小根据空间位置而定，一般架长 3 米左右，宽为 0.5 米，设置 2～3 层，每层高 0.5 米。该种方法很适宜于家庭住房紧张的养殖户，可充分利用空间，增加饲养量。

8. 房养 是模仿蝎子在野生状态下的生活环境，场地内建造适宜各种蝎子生活的蝎窝进行养殖的一种方法。蝎房的样式和大小视其环境条件及养蝎多少而定，一般可用砖或土坯建成一个长 3～5 米、宽 3 米、高 2 米、墙厚 25 厘米左右的蝎房。蝎房的正中开一小门，供管理人员进出，墙中间开 3～4 个小窗口，以利空气流通，窗口要装窗纱，以防外界天敌侵扰。在靠地面的墙壁上留一些碗口大小的洞口，或用土砖坯垒墙，砖坯之间留出宽 0.5～2 厘米大小不等的缝隙，不要抹泥，墙内壁不要粉刷，以便蝎子出入，但墙外壁一定要用石灰等三合土密闭加固后粉刷。在距蝎房 1 米左右处挖一条宽 0.6 米、深 0.5 米的环房水沟，并保持长年有水，以防蝎子逃跑和蚂蚁入侵，同时还可以调节蝎房的湿度。另外，在房内应留一条 0.6～1.0 米宽的人行道，通道两边用土坯砖、空心砖或砖头、瓦块、大块煤渣垒成 1.6 米高的蝎窝，砖之间留有 1～2 厘米的空隙，供蝎子栖息和活动（图 3-12）。房顶用廉价材料如用瓦、纤维瓦等掩盖即可。墙壁四周贴上 15～30 厘米的玻璃或塑料薄膜，以防蝎子逃跑。蝎房内可安装几个 15 瓦的灯泡，晚上开灯，打开纱窗，以引诱昆虫供蝎子食用（图 3-13）。

图 3-12　蝎窝垛体示意图

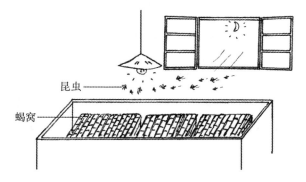

图 3-13　引诱昆虫示意图

　　房养蝎易于保温和控制各种环境条件，尤其适合较大规模和寒冷地区饲养。缺点是建房成本较高，一次性投资较大，且每次翻垛要耗费较多人工，费时费工。

　　9. 窖养　是指建造一个适宜于蝎子生长发育和繁殖的地窖进行养殖的一种方法。此法造价低，用砖、水泥建造即可，喂养和观察蝎子容易，捕捉方便。由于蝎窝有一部分建在地下，因此冬季保温，夏季防暑，并且蝎子可以在窝内自由选择所需湿度，干燥时可向下移动，潮湿时可向上移动，并便于大小蝎自动分离和清理（图 3-14）。

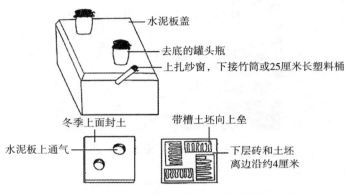

图 3-14　地窖式养蝎示意图

地窖式养蝎池的建造方法：

（1）**地点的选择**　一般选择背风向阳的山坡地，如果地下水位深，蝎室的地下部分可深些；如果地下水位高，则可以增高地上部分。

（2）**蝎室的大小**　一般建成长 55 厘米、宽 55 厘米、深 45 厘米左右，山坡丘陵地上部分高出约 60 厘米，平原地区地上部分高出约 30 厘米的蝎池为宜。

（3）**蝎室的内部构造**　蝎窝的四周砌 2 层横向竖砖，并用水泥勾缝，室内池底夯实整平，以斜缝放一层砖后，用土坯斜放置建造蝎窝，层与层之间放上用硬泥制成的小蛋条（直径 3～4 厘米，长 4～8 厘米）排成行后，并在每层上放些潮碎土，然后再放土坯，土坯上有窝或孔道，如此法向上垒 4～6 层即可。

（4）**蝎室上盖**　整个蝎室上方加一个用水泥（内加铁

丝或细钢筋）预制而成的水泥盖，厚度约 3.5 厘米，盖的中央留一直径 6 厘米的大孔，在其一侧再通一直径 3 厘米的通气出蝎孔。每孔用无底的玻璃罐头瓶或药瓶罩上，瓶口朝上，底在下。瓶的下口与盖板之间用三合土封严，上口用纱窗扎紧。冬季寒冷时，瓶四周封土，瓶口用塑料薄膜扎严，薄膜上扎上一些小孔；春秋季再将土扒开；早春天寒，可用塑料薄膜覆盖；暑天中午可在盖上洒 1～2 次水，以降温并增加湿度。蝎室的一角事先开一个直径约 2 厘米的圆孔，先用物堵塞，为今后大小蝎分离做准备。

10. 假山养殖池式养蝎 假山养殖池式养蝎是指在温室中建造假山进行养蝎的一种方法。假山可用石片或瓦块等和壤土混合建造。假山下边应留一个 20～30 厘米宽的活动场地，其边缘贴玻璃条进行全封闭。假山中可种植一些灌木花草，经常浇水，以保持假山湿润和花草生长，以满足蝎子活动和饮水需要，同时也可以滋生昆虫供蝎子食用。因为假山体积较大，又接近自然状态，适于大量幼蝎做窝和蜕皮（图 3-15）。

图 3-15 养蝎假山示意图

（二）散养场式养蝎

散养场养蝎是指在一个场地内建不同的蝎房垛进行养蝎的一种较小规模的饲养方法。一般选择坐北朝南、北高南低的坡塬地带建养蝎场，场周围用单砖围成长 10 米、宽 10 米、高 0.8 米的围墙，顺坡的南面墙下留 1 个排水口，内用铁纱网钉严。围墙四壁上端（第一层砖下）镶嵌一圈防逃玻璃条，养蝎场中央建造 1 个半露天塔式养蝎室，四周围均匀分布 8 个土坯墙垛。土坯下先用砖砌长 2 米、宽 1.5 米、高 0.2 米的垛基，上面码置长 1.5 米、宽 1 米、高 0.5 米的土坯墙垛，顶上用油毡覆盖。在墙垛与养蝎室之间均匀分布 4 个石垒堆，其他空余地方可栽种些绿色植物、花卉等（图 3-16）。每年在 10 月下旬应翻垛，捕捉土坯垛和石垒堆内的蝎子，将其移入养蝎室内，保证不受冻害，安全越冬。入冬以前，应在养蝎室西、北两侧增设屏风障。

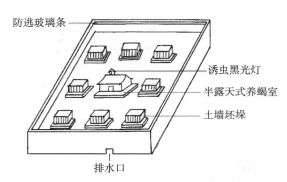

图 3-16　散养蝎场布局示意图

该方法设备简单，投资少，养殖环境适宜，养殖量大，是家庭和养殖专业户比较常用的一种方法。

（三）大规模式养蝎

大规模式养蝎是为了充分利用空间及加温控温，采取立体箱或立体池养蝎的一种方法。关于立体箱或池的建造方法与家庭式养蝎中介绍的基本一致，其不同的是大规模式养蝎的箱和池的数量多，采取群居产房。由于饲养量大，投资多，需要优化选择各种设施设备，以符合蝎子对生态环境的要求，又便于管理操作，从而降低单位成本，产生良好的经济效益。

1. 群居产房　是指许多孕蝎同在一个蝎室内产仔的蝎房。为了提高蝎子的成活率，防止蝎子之间互相干扰和保证仔蝎安全，最有效的办法是给孕蝎提供一个适宜生产的环境——产房。通常使用槽穴泥板、坑板或巢格板做垛体。

（1）槽穴泥板制作方法　先制作泥板磨具和槽穴压膜，而后再制作泥板。泥板磨具一般采取木质，内设有长45厘米、宽30厘米、高7厘米的可活动木框，加上活动挡板后再套上长木条，即可开始做泥板。槽穴压膜是在长45厘米、宽30厘米、厚2厘米的木板上钉上两行足角形凸起的模型。足角向内，每行8个，足角凸起模型的前端伸直部分长6厘米、宽3厘米、高1.5厘米；后端足角部分长7厘米、宽5厘米、高2.5厘米，呈龟背状，将以上两种磨具制成后，打光磨滑，备用。

　　取老墙土或老房土，用净水和成泥浆压入泥板模具内抹平，再用槽穴压膜在模具内泥板上压出足角形槽洞，待泥板稍干时再用压膜压1次，以便槽洞形成。成型的槽穴泥板晒干后即可使用。

　　（2）坑板制作方法　先制作泥板磨具和槽穴压膜，而后抹制泥板。泥板磨具采取木质，内设有长50厘米、宽40厘米、高6厘米的可活动木框，加上活动挡板后再套上长木条，即可做泥板。坑穴压膜是在长40厘米、宽40厘米、厚2厘米的木板上钉上每行7块、共7行，即49块小木块，小木块长3厘米、宽3厘米、高3厘米。将以上两种磨具制成后，也应打磨光滑后再使用。

　　与槽穴泥板的制作方法基本相同，将成型干后的坑穴板码垛。两垛之间须用木块等留有3厘米左右的缝隙，以便蝎子出入活动。

　　（3）巢格板制作方法　与上述方法基本相似，不再作详细介绍。巢格板是由两块同等大小，规格为长63厘米、宽23厘米、厚4厘米带窝的水泥板内外合并组装而成的。其内板的内面光滑，而外面均匀地做成12×6个规格为长3厘米、宽4厘米、深3厘米的凹形方格式蝎窝，周围从边缘往里1厘米，制作高为1厘米的围框。外板在于内板对应的一面叫内面，也制作成同样规格大小的凹形方格，但外面与内面方格对应的部位每隔一个方格留一个直径1厘米的圆形小孔，作为蝎子进出蝎窝的通道。把内外板对齐靠紧，再用6号钢筋夹子夹住，即可组成一个单元的巢格板蝎窝，而后再立起，一个单元连接一个单元做成垛体。

2. 母仔蝎自动分离装置　是能将母蝎留在产房，而大小幼蝎可通过不同缝隙小孔分离的一种装置。该装置根据采用分离幼蝎的方法可分为筛分式和滤分式两种。

（1）筛分式分离装置　一般先用砖块砌内长 200 厘米、宽 100 厘米、高 50 厘米的长方形墙框为产房围墙。围墙四壁上端镶砌防逃玻璃一圈。产房中间用砖砌长 150 厘米、宽 50 厘米、高 25 厘米的长方形砖框，砖框上盖以长 75 厘米、宽 50 厘米、厚 6 厘米的水泥板 2 块，形成一 150 厘米 × 50 厘米的水泥面垛体平台。平台上下缝隙均需用水泥抹严，以防幼蝎乱钻。在紧贴平台四周边缘安装上倾斜成 30° 角的玻璃滑梯，使幼蝎滑入平台和防止重新爬上平台。滑梯上镶嵌高 20 厘米的小孔铁筛一圈，铁筛孔长 2 毫米、宽 5 毫米，幼蝎可以钻过去，起到过滤筛分作用。垂直装置的小孔铁筛上端，平行装置宽 15 厘米的玻璃条一圈，两边出檐，以防母蝎跨越铁筛或幼蝎顺筛上爬再次进入平台。平台上用坑板等做成产房。

（2）滤分式分离装置　是采用中间为产房、两侧或一侧为幼蝎饲养室的装置。产房用坑板等做垛体，然后在产房两端或一端用砖搭宽与砖同宽、长与池内宽相同、高 10 厘米左右的平台，平台上面和四周缝隙用水泥抹严。与平台相平处的墙上留开 2 毫米宽的缝隙，为过滤缝隙。幼蝎池与过滤缝隙的左右做成 60° 角并镶嵌玻璃条，使之形成滑梯，可防止从过滤缝隙爬过来的幼蝎再爬回去，起分离过滤作用。过滤缝隙宜用砂布打磨光滑，勿使其断端有锐锋，以防母蝎钳肢嵌入后不能取出。

在实际生产中，以上两种装置起主要作用的分离筛和过滤缝隙（孔）是可以互相置换的，并且两种装置不仅可以在同一平面上用，还可以在垂直位置的两层之间使用，所不同的是在于分离筛和过滤缝隙的区别。

上面介绍的分离装置是将幼蝎从产房中分离到幼蝎池的办法，但实际养殖中，幼蝎并不全能自动分离到幼蝎池中，往往产房中仍会有一部分幼蝎没有分离出去。为了保护产房内的幼蝎不被母蝎残食，可以利用产房内的垛体缝隙结构和二龄幼蝎在离母背后喜静不喜动、爱避光钻小缝隙的特点，适当配置小缝隙和大缝隙垛体，以达到分离的目的。可在产房内的垛体上码置两种缝隙的垛体，一种是大缝隙的产仔垛体，垛体中坯板缝隙为2～3厘米，供孕蝎产仔和休息；另一种是小缝隙垛体，垛体中坯板缝隙仅为2～4毫米，供离开母背的二龄幼蝎栖息。这样的两种垛体靠码在一起为一组，两组垛体的产仔垛体相对，中间留出40厘米左右的孕蝎活动场地，组成孕蝎产室；小缝隙垛体也相对，中间留出40厘米左右的二龄幼蝎活动场地，组成二龄养蝎室。这种"分组码垛，以垛作室"的方法，自然形成分厢的垛墙。为了防止母幼之间互相乱窜，可在每组垛体中间缝隙处垂直插入一排玻璃条，玻璃条外露部分与围墙上端防逃条相连接，使各室蝎子受到限制不能混群。再在蝎池两端配备筛方式或滤分式分离装置，这样就尽可能地将母仔蝎及时地分离了。上述产房仅可以供未分离幼蝎暂时性躲藏用，产仔结束后，应及时翻垛捕移母蝎另养。

（四）塑料温棚式养蝎

塑料温棚式养蝎是充分利用太阳能，通过提高和保持棚内温度，进行养殖蝎子的一种方法。该种养殖方式投资不大，较实用，保温良好，有利于蝎子生长、发育和繁殖，是近年来比较流行和值得推广的一种方法。

1. 塑料温棚建造

（1）选择好建棚位置　塑料棚设计除了参照上面养蝎场址选择的要求外，还应该注意以下几个问题：①尽量选择高燥处，不仅能防止棚外脏水流入棚内，又便于排出棚内薄膜滴落的积水，降低棚内的湿度；②避开高大建筑或树木，以防影响太阳光照射，影响棚内温度；③为了更多地利用太阳光照，一般以坐北朝南方向为宜，但由于各地冬季的主导风向各不同，为了达到背风的目的，棚的朝向一般选择与主导风向正好相反，但最多不能偏离正南 15°（图 3-17），因为偏角超过 15°时，棚内获得阳光照射时间会明显缩短。

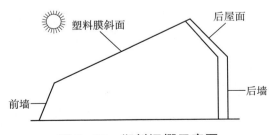

图 3-17　塑料温棚示意图

2. 塑料温棚建设技术指标

（1）**塑料棚面角度** 太阳光与塑料棚夹角大小影响塑料膜的透光率，当太阳光与塑料膜夹角为 90°时，透光率最高；夹角越小，塑料棚的反射越大，透光率越低。当然这个对全部用塑料膜覆盖的蝎房来说是不存在问题的，但对于用砖做围墙或有挡光的棚舍来说，若棚的坡度不合理，就会影响透光率。

（2）**塑料薄膜要求** 温棚养蝎的效果，选用塑料膜是关键。要注意选择无毒膜和无滴塑料膜，若采用普通的有滴塑料薄膜覆盖，在密闭条件下，特别是控温条件下，塑料膜的内表面会形成一层细薄的小水珠。水珠为冷凝水，对阳光有散射和吸收作用，会使室内的光透量减少 30% 左右，严重影响室温的提高。另外，水珠凝聚到一定程度时会下滴，造成棚内积水。

塑料薄膜的质地与阳光透过率有关。应注意选择对太阳光透过率较高，而对地面的长波辐射透过率较低的塑料薄膜，以便充分利用太阳能，并有效地保存能量。

常用的塑料薄膜主要有聚乙烯膜和聚氯乙烯膜，两者的透光率较接近，但在保存能量方面，聚乙烯膜不如聚氯乙烯膜。因此，在建造棚舍时推荐使用聚氯乙烯膜。塑料薄膜的厚度一般以 0.2～0.8 毫米为宜。过厚，保温性能好，但透光差；过薄，透光好，但保温性能差。

（3）**通风换气设置** 排风口应设在棚顶的背风面，并高出棚顶 50 厘米，排风口的顶部要装防风帽。进风口一般设在南墙，其大小以排风口的 1/2 为宜。根据热压换气原理，热空气（污染空气）由排气口排出，新鲜空气由进气口进入。这样既可以防止冷风侵入，又可以使换气顺畅，达到通风换气的目的，还可有效地调节棚内湿度，降低棚内有害气体的含量。

排风口与进风口的多少可根据塑料棚的大小来定，大规模棚舍养蝎时，可多装几个进排风口，小规模棚舍可少设几个进、排风口。

（4）建棚形式　塑料棚的形式有多种多样，在养殖过程中，可根据实际情况选择，较为理想的是采用半砖墙塑料温棚和前后坡式塑料温棚养殖（图3-18）。半砖墙塑料温棚适宜在平地上建造，而前后坡式塑料温棚适宜在山坡上建造。

图3-18　前后坡式塑料膜温棚

当然塑料棚的建造形式还有许多，但无论哪种，应遵循以下原则：一是利于加温和保温；二是要经济适用，降低成本；三是能保持较好的通风和挡雨作用；四是能防老鼠、蚂蚁等敌害的侵入；五是结构科学合理，便于管理。

3. 塑料温棚管理要点　塑料温棚的饲养管理应遵循蝎子的一般管理原则和方法，若是控温养殖，还应遵循控温养殖的管理方法，但同时应根据塑料温棚的特点进行针对性管理。

（1）扣膜要求　无论是新建的，还是在原有旧房基础上改建的，扣膜时都要确保温棚严密、牢固。在塑料膜与地面（墙）的接触处，要用泥土压实，以防止贼风进入，发现破漏时及时粘补。

（2）通风换气时间及配备草帘　通风换气一般在中午前后进行 1 次，通风时间以 10～20 分钟为宜。当然还应根据室内温湿度的情况及饲养密度大小来具体确定通风的时间及次数。

为了减少温棚昼夜间的温差，夜晚将把草帘或毛毡毯盖在塑料膜的表面，白天气温升高时，将其卷起来，固定在棚顶部，下午再放下。如气温过低时，可临时加厚草帘或毛毡毯（图 3-19）。

图 3-19　塑料膜温棚上的保温层

（3）揭棚时间及塑膜清护　进入温暖季节，当室外温度较稳定、保持在 25℃以上时，可逐渐扩大揭棚面积，揭棚时只能将两侧塑料膜揭去向上卷，顶棚留作挡雨，若有半墙的只需注意通风便可。若是夏季，中午日照过于强烈，最好顶棚加盖黑色遮阳网。

平时要经常巡视温棚外有无破裂和漏洞，及时粘补。扣膜期间要经常擦抹塑料薄膜表面，以保持膜面清洁，即保持良好的透光率。

（五）蝎子无休眠饲养技术

无休眠饲养法就是在具备可以加温控制和有良好保温性能的建筑设备的条件下，人为地创造蝎子适宜的生长温湿度和生活环境，打破蝎子休眠越冬习性，蝎子一年四季处于恒温环境中，不受外界自然温度的制约，使其一年四季不停顿地生长发育、交配繁殖。这样，蝎子在温湿度正常、饲料供给充足的条件下就能顺利地多蜕皮1～2次，成蝎活动正常，孕蝎能提早产仔，分娩顺利，仔蝎成活率明显提高，蝎子完成1个世代只需10～12个月，1年可繁殖2次，比自然条件下能提前2年多成熟。

1. 温湿度要求　自然情况下，由于气温的变化，蝎子在一年中可分为生长期、填充期、休眠期和复苏期4个阶段（图3-20）。生长期是蝎子在一年内营养生长发育和繁殖生育的最佳时期；填充期主要是蓄积脂肪，储备越冬所需营养，生长发育进展不大；休眠期蝎子停止活动、采食，新陈代谢缓慢，生长发育停止；复苏期蝎子苏醒出蛰，由于温差大，消化能力差，主要靠躯体的吸湿功能吸收少量的水分，利用躯体贮积的营养物质和摄食少量的风化土来维持生命。因此，在一年中食量多，

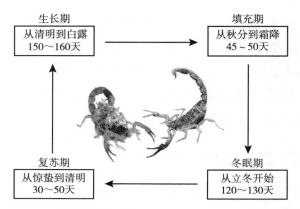

图 3-20　自然情况下蝎子一年中的四个阶段示意图

消化吸收能力强，活动范围和活动量大，生长发育、交配繁殖的高峰期只有 150～160 天，即生长期。

　　无休眠饲养人为创造适宜的温湿度，加强营养，使蝎子的生活进程明显加快，营养生长期和生殖生长期明显缩短。在蝎子生长和蜕变期内，保持适宜的生长温湿度，使蝎子的生长发育一直很旺盛，活动量大，消化吸收能力强，从而使蝎子在一生中不会再出现填充期、复苏期，更不会出现休眠期。

　　（1）温度要求　蝎子属变温动物，温度对蝎子的作用最为显著，蝎子的生长发育、交配繁殖等一系列的生命活动都受温度的影响。蝎子生存的极限温度为：下限 $-2℃$，上限 $42℃$，蝎子在上、下限温度范围内能够生存。但在 $-2～0℃$ 和 $40～42℃$ 下，存活时间很短。$12～39℃$ 是蝎子生长发育的适宜温度，$32～38℃$ 是蝎子最适温度范围。$-2～11℃$，蝎子就开始冬眠。由于不同蝎龄或成年蝎的繁殖和成长需要不同，其温度要求也有差异。例如：产期蝎需要 32～39℃ 的温度，初生仔蝎需要在 32℃ 以上才能成长，而非产期蝎 4 个月以上最适宜的生长温度为 25～39℃。实际在 25℃ 以下，蝎子虽然不冬眠，但是代谢水平很低，食欲差，摄食极少或停食，消化能力差，长期如此，蝎子体内营养消耗殆尽，得不到及时补充，严重抑制蝎子的生长发育，甚至会形成慢性脱水，引起死亡。所以，实行加温饲养，温度要保证达到 30℃ 以上，35℃ 左右为最好，最高不宜超过 40℃。

在无休眠饲养过程中温度调节必须注意以下几点：一是间歇性加温。当昼夜露天平均温度达到 13～15℃ 时，白天可不加温，利用太阳光的热量来保持饲养室温度，夜间可进行间歇性加温，保持室内适宜温度。北方地区的间歇性加温期是早春 3～4 月份和深秋的 10 月份。二是维持性加温。当露天平均温度降至 12℃ 以下时，必须昼夜加温，并给棚顶加盖草帘，使饲养室内温度保持在 25～38℃。北方地区一般在 11 月份上旬到翌年 2 月下旬采取加温。三是降温期。一般到 5 月上旬当室内温度达到 38℃ 以上时，可用棚顶遮阳和适当通风法给饲养室降温，以保持饲养室适宜的温湿度。北方地区一般从 5 月上旬降温至 7 月份。

（2）**湿度要求**　湿度的大小对蝎子的生长发育影响较大。蝎子虽然喜湿，但在不同发育阶段对湿度的要求也不一样，湿度过大对其生长也不利。例如孕蝎需要的环境湿度较小，而产蝎则需要的环境湿度较大。温室中的湿度可以根据蝎子发育阶段而人为地进行调节，一般蝎窝（池）内湿度应在10%～20%，最适宜的湿度为15%～18%，空气相对湿度为60%～70%，通常可用干湿度计测定。

养蝎室（窝）的温度和湿度控制必须控制协调，如果协调不好，将严重影响蝎子的生长发育。具体表现如下。

其一，高温高湿。此环境下养蝎室（窝）内极易滋生曲霉菌，导致蝎子发生霉菌性疾病。

其二，高温干燥。此环境下蝎子活动量增大，代谢能力加强，体表水分蒸发量增加，机体缺水，可导致蝎子发生急性脱水等疾病。严重时，可引起蝎子烘干性死亡，尤其是一龄仔蝎在几十分钟内就会被烘干。

其三，低温高湿。低温环境下，蝎子活动量小，代谢水平低，不需要太多水分。由于蝎子喜湿，会纷纷从垛上爬到地面上，时间一长，极易导致蝎子成片死亡，特别是2～3龄蝎受影响最大。同时，长期处于低温环境，蝎子很容易发生霉菌性疾病或消化不良，出现腹胀等现象。

其四，低温低湿。这种环境下蝎子虽然不会大量死亡，但生长发育会受到抑制，蜕不了皮，长成小老蝎。

2. 温湿度调节方法　在无休眠饲养过程中，养蝎室（窝）内温度与湿度的适宜与否，对蝎子的生长繁殖影响都很大。因此，必须严格控制并按要求统一协调，出现问题应及时采取矫正和补救措施。

（1）**温度调节**　一般情况下，需要升温时，可利用阳光增温，即在养蝎室（房）顶部设玻璃天窗，夜盖草帘，中午打开草帘吸收太阳光能，或在室内生火，或利用暖气加温。需要降温时，可在室（窝）内喷洒冷水或遮阳等。

（2）**湿度调节**　增加湿度要因季节而异，在炎热的夏季，可在养蝎室（窝）地面洒水，保持供水器（海绵）潮湿，也可在室内挂上几条湿毛巾；冬季可在火炉上坐水盆或在暖气片上蒙湿毛巾（图 3-21）。减湿可采取将养蝎室活动场所门窗打开通风等措施。

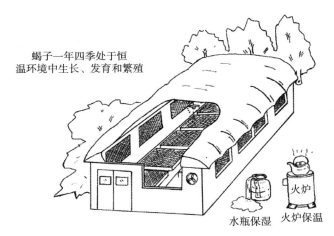

图 3-21　无休眠饲养法示意图

一般情况下，养蝎室内湿度的大小应与温度的高低成正比，即温度较高时，湿度相应大一些。温度高了，如不加湿，必然出现干燥现象；湿度大了，若不及时加温蒸发，必然会出现高湿现象。在加温的同时，要随时注意湿度变化；反之，在增加湿度的同时，也要注意温度变化，以协调温度和湿度的关系，保证蝎子生长发育适宜的生活环境。

3. 加温饲养方式　加温饲养就是采取对养蝎室（窝）实行供温，保证各龄蝎对温度的要求，使其常年都能生长、发育和繁殖的一种方法，也称无休眠饲养法。根据加温设备、方式的不同，其可分为多种形式，每个养蝎场（户）可根据自己适宜的条件进行自择。目前常用的主要有以下几种。

（1）火坑加温　是根据北方地区家庭冬季保暖用的土炕改进而成。火炕用砖坯砌成，炕面下留烟道呈"日"字形，靠近灶膛一侧有进火口与烧火口相通，中央烟道与进火口之间设置分火砖，可将烟火分成三股进炕。出烟口与中央烟道相通，连接烟囱通出房外。中央烟道两边埋入数个瓷缸或瓦缸，缸口略高出炕面，缸内垫上5～10厘米厚的风化土，上覆沙子，沙子上面再用砖或瓦片垒成垛体。烟道上用土坯棚炕面，上抹麦秸泥3～4厘米厚，通过控制烧火次数或加减缸上覆盖物，来调整缸内的温度（图3-22）。

（2）土暖气加火墙加温　加温养蝎室应坐北朝南，两间养蝎室中间砌一道火墙，火墙用新砖砌成，水泥砂浆勾缝，砖外不再抹别的东西。火炉要建在养蝎室的南面、前墙以外，炉子内直径约40厘米，深约50厘米。炉内用6厘米直径的无缝钢管做成双马蹄形管，有3根管子通向外面，其中2根管子作热水循环，1根管子作

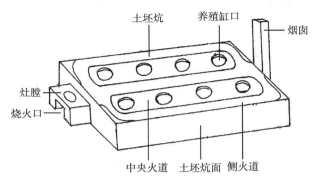

图 3-22　火炕加温饲养法示意图

连接水箱之用。将做成的土暖气锅炉卡进炉膛内，外接暖气片，这样火走火墙，由火墙散热到两个养蝎室，再由炉膛的火加热土暖气炉，热能可再利用1次，使养蝎室内温度很快提高。火墙烟道有两种走向，无论采取哪种走向都可以（图3-23）。这样在房内采用盆养、缸养、池养、箱养均可。

（3）**火墙塑料大棚加温**　是由北方家庭取暖用的火墙与种植蔬菜用的塑料薄膜大棚两种设施结合改进而成。要求先建筑坐北朝南的九孔火墙（图3-24），火墙的北墙用土坯水平垒砌，以便更好保温。南墙用立坯垒砌，使墙壁薄，便于散热。火墙高以2米为宜，南北两墙组成槽形通道，一端与烧火口相通，另一端与烟囱相接。通道内加挡烟隔墙8个，靠近火口一侧间距较小，其他隔墙间距依次加宽。第一挡烟隔墙的留烟孔在隔墙上端，第二挡烟隔墙的留烟口则在下端，依次类推，至第八挡烟隔墙边连通烟囱时为九孔火墙。

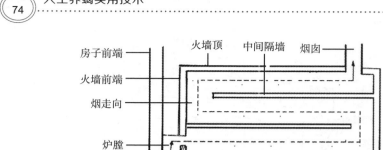

烟道上下走向

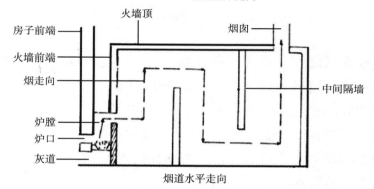

烟道水平走向

图 3-23　火墙烟道走向示意图

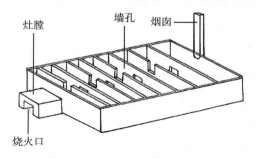

图 3-24　九孔火墙示意图

火墙建成后，沿火墙砌成高 0.4 米的小棚围墙，南北围墙呈斜坡状，西围墙上安装一个宽 0.6 米、高 1 米的外开小门。架设的棚架要平整坚实，架杆不影响采光。向南倾斜面用双层塑料薄膜覆盖。室内为养蝎室，在室内基础围墙的上端镶嵌防逃玻璃条。在靠近火墙的一侧用砖、瓦片或煤渣码置蝎子栖息的垛体蝎窝。早晚利用火墙加温，小门加挂门帘，棚上覆盖草帘，白天则可揭去草帘，以利用太阳热给养蝎室加温（图3-25）。

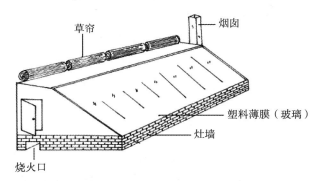

图3-25　火炕加温饲养法示意图

4. 无休眠饲养注意事项

（1）保证适宜温湿度　加温饲养过程中，除了保证供温以外，养蝎室（窝）内保温保湿工作也十分重要。为了使热量散失得慢一些，养蝎室必须吊顶，吊顶的材料要求有保温作用，窗户也必须用双层薄膜封好，门最好安设棉帘等保温设施（图3-26）。采用塑料薄膜大棚饲养的温室，棚上要覆盖保温的草帘，白天有阳光时，可揭去草帘，利用太阳光能加温，室内湿度应根据要求协调控制。

（2）控制好饲养密度　由于加温饲养蝎子，投入大、

图 3-26　吊顶的蝎房

成本高，有的养殖户为了充分利用空间，往往通过增加饲养密度来降低成本。但是密度过大，蝎子容易发生自相残杀等现象，死亡率增加。因此，在饲养过程中，应采取分组饲养与改进的常温饲养相结合的办法，即将同龄蝎分在一个小区或几个箱、盘中饲养，到了春季气温回升后，将加温室内繁殖的三龄以上的蝎子，转移到常温池或箱内饲养，尽量降低饲养密度，以减少损失，提高蝎子的成活率和养殖效益。

三、蝎子的饲养管理

（一）蝎子的营养与饲料

自然状态下，蝎子可根据自身的需要自由采食昆虫或其他食物来满足其生长发育和繁殖等生命活动的需要。而人工养蝎，为了获得理想的生产效果，必须根据蝎子不同生长和生产阶段的营养需要供给合适的饲料。

1. 蝎子的营养要素 蝎子在其一生过程中，进行着生长、发育和繁殖等一系列活动，既要延续自身生命，又要延续种群后代，蝎子进行这些生命活动的前提条件是必须具备良好的营养物质。没有充足的优良营养物质供给，蝎子就不会正常生长发育，因此也就无法正常繁殖。蝎子的营养物质主要包括蛋白质、脂肪、碳水化合物、维生素、矿物质和水，统称为六大营养要素，这些营养物质必须不断地从饲料中摄取。

（1）蛋白质 是一切生命的物质基础，蝎子体内的一切组织器官，如肌肉、内脏器官、神经、血液和毒液等，都是以蛋白质为主要原料构成的，其还是某些激素和全部酶的主要成分。蝎体组织中干物质一半以上是蛋白质。在蝎子的代谢过程中，蛋白质有着不可替代的重要作用。由于蛋白质在蝎子体内数量大、种类多，而且在旧细胞的死亡和新细胞的新生过程中，随时大量消耗，因此，蛋白质是蝎子营养供应的第一要素。若蛋白质供应不足，就会导致蝎体营养不良、体重下降、繁殖力低下、免疫力减弱等；反之，若蛋白质过量，不仅浪费饲料，还会引起蝎子消化功能紊乱，甚至中毒。

构成蛋白质的基本单位为氨基酸，共有20多种，可分为必需氨基酸和非必需氨基酸两大类。非必需氨基酸在机体内可通过其他氨基酸的氨基移换或由无氮物质和氨化合而成。饲料中缺少非必需氨基酸，一般不会引起营养失调和生长停滞。而必需氨基酸不能在机体内合成，也不能由其他氨基酸代替，其又是动物生命活动所必不可少的，必须经常从饲料的蛋白质中供给。饲料中如果缺少必需氨基酸时，即使蛋白质含量很高，也会造成营养失调、生长发育受阻、生产性能下降等不良后果。蝎体必需氨基酸主要有 10 种：赖氨酸、苏氨酸、缬氨酸、亮氨酸、异亮氨酸、色氨酸、精氨酸、蛋氨酸、组氨酸、苯丙氨酸。

蝎子对蛋白质的需要，在一定程度上由蛋白质的品质来决定。蛋白质中氨基酸越完全，比例越恰当，蝎子对其利用率就越高。由于各种饲料中蛋白质的必需氨基酸的含量是不相同的，所以，在生产实践中，为提高饲料中蛋白质的利用率，常采用多种饲料配合使用，使各种必需氨基酸达到互相补充。若给蝎子单独饲喂黄粉虫、地鳖虫或蚯蚓，这样蝎子取得的氨基酸数量可能就不足，会导致氨基酸不平衡，因而蛋白质的利用率不高，时间长了，很容易引起蛋白质缺乏症，直接影响蝎子的正常生长发育和繁殖。

（2）**脂肪**　是蝎子不可缺少的营养物质，主要供给蝎子能量和必需脂肪酸，作为蝎体内的主要储备能源，广泛分布于机体的组织中，以盲囊中含量最高。

脂肪对蝎子的营养作用也十分重要，它不仅是蝎体的重要组成成分，而且是体能的主要来源，又是脂溶性维生素 A、维生素 D、维生素 E、维生素 K 的溶剂，并可促进脂溶性维生素的吸收和利用。蝎子机体的生长发育和修复组织也必须有脂肪充分供给，此外，脂肪还起着保护内脏，减少机械冲撞、挤压损伤，同时防止体内热量的散发等作用。在自然界的野生状态下，蝎子可以在 100 天的冬眠状态中不吃不动，其能量的提供即是依靠体内积聚的脂肪供应的。但是饲料中脂肪的含量也不宜过高，否则会引起蝎子出现消化不良、食欲下降等症。蝎子只要食入各种昆虫，就能满足其对脂肪的需要，所以不需要另外进行脂肪的补给。

（3）**碳水化合物**　其主要作用是为蝎体提供能量，同时参与细胞的各种代谢活动，如参与氨基酸、脂肪的合成，利用碳水化合物供给能量，可以节约蛋白质和脂肪在体内的消耗。碳水化合物包括两大类：一类为无氮浸出物，主要由淀粉和糖构成；另一类为粗纤维。

糖在机体中可转化成脂肪，储存于体内；也能以肝糖原等形式存在于肝脏、肌肉等组织中，在必要时又可分解转化为葡萄糖，供体内代谢需要。此外，糖还有辅助肝脏解毒的功能，肝脏内对细菌毒素及代谢产物中的有毒物质之解毒作用尤为显著。若饲料中糖供应不足，蝎子机体将会因能源缺乏而动用储备的糖原和脂肪，继之则动用体蛋白，以代替糖充作能源，肝糖原的储存量也随之降低，肝脏的解毒作用明显降低，从而导致体况不佳，生长发育迟缓，体重减轻等。

蝎子对纤维素无特别的需求，因其体内无分解纤维素的酶，所以纤维素不能被分解利用。一般要求纤维素的量尽可能低些，淀粉的量也不宜过高，过高会影响蝎子的食欲，引起肠道不适，甚至腹泻。

（4）**矿物质** 又称无机盐，是蝎体内无机物的总称。矿物质在蝎体内的生理活动过程中起着重要的作用，是无法自身产生、合成的，每天的摄取量也是基本确定的。生物体内的矿物质有几十种，根据其在体内含量的多少分为常量元素和微量元素两大类，如钙、磷、钠、钾等蝎体内含量较多，称之为常量元素，而如铁、铜、锌、锰、碘等在蝎体含量较少，称之为微量元素。

①钙与磷 是组成蝎体外骨架的重要成分，外骨架中所含的钙占全身钙量的90%以上，所含的磷量占全身总磷重的75%。饲料中钙、磷不足时，外骨架生长缓慢，蜕皮困难。野生蝎可以从土壤及多种动物组织中获取足够的钙、磷。在人工饲养时，必须定期补充钙、磷。若使用黄粉虫、蚯蚓饲喂蝎子，因其所含的钙和磷量不能满足蝎体的需要，因此必须在饲料中适当添加骨粉，增加钙、磷含量。

②钠、钾和氯 钠、钾和氯主要分布在体液和软组织中，它能促进消化酶的活动，有利于蝎子对脂肪和蛋白质的消化吸收，同时还能促进新陈代谢，增进食欲，帮助消化。究竟蝎子需要多少钠和氯，还有待于进一步研究考证。但是可以肯定的是，蝎子是需要补充食盐的，野生蝎会寻找含盐物或从土壤中摄入。在人工饲养时如能在饮水中定期加入0.05%～0.09%食盐，对蝎子的生长繁殖很有作用，表现为蜕皮、产仔快。但是，食盐水的浓度不能过高，否则极易引起蝎子食盐中毒。

③硫 主要存在于蛋白质内，是构成某些氨基酸

（胱氨酸、蛋氨酸）的重要组成成分。蝎子蜕皮过程少不了含硫氨基酸，若含硫氨基酸缺乏，将导致蜕皮困难。

除了上述元素，其他元素主要起着调节渗透压、保持酸碱平衡和激活酶系统等作用，是蝎体生长繁殖不可缺少的物质。因而，在人工养蝎时应定期用复合微量元素加入水中供蝎子饮用，或用复合微量元素饲喂黄粉虫、地鳖虫等间接地给蝎子补充。另外，池土中通过放置风化土或老墙泥，也可以给蝎子补充一些微量元素。

（5）**维生素**　是维持蝎体正常生命活动所必需的一类有机物。维生素虽然不是构成蝎体的主要成分，也不是供给能量的食物，但它广泛存在于各种细胞组织中，除少数维生素可储存于某些器官中外，大部分维生素是构成酶的辅酶或辅基的重要成分。维生素的需求量虽然极微小，但在机体内所起的作用却很大，其主要营养功能是调节物质代谢和生理功能。

维生素的种类很多，多数维生素在蝎子的体内不能合成或合成的量很少，必须靠摄取食物或饲料供给。目前已经发现蝎子所需要的维生素有20多种，不同的维生素均各具有特殊的功能。饲料中无论缺少哪一样维生素，都会造成机体新陈代谢紊乱，生长发育停滞，蝎子不蜕皮，同时抗病力下降，容易生病。所以，经常适量地在饲料或饮水中添加多种维生素，保证蝎体内各种维生素的正常，对维护蝎子的机体健康很有好处。

（6）**水分**　是构成蝎子有机体的重要组成部分，是蝎子机体内生理生化反应的良好媒介和溶剂，并参与蝎体内物质代谢的水解、氧化、还原等生化过程，对维持体温也起着重要作用。体内营养物质及代谢废物的输送或排出，主要是通过溶于血液中的水分，借助血液循环来完成的。另外，蝎子一生中要经过6次蜕皮才能成为成蝎，而每次蜕皮都需要一定的水分和营养。蝎子身体的表层是以几丁质为主要成分的硬皮，到了蜕皮的时候，需要大量水分来滋润硬皮，再加上营养条件好、蝎子的体质健壮，才能顺利蜕皮。总之，蝎子的生长发育离不开水分。

人工养蝎需注意从三个方面补充水分：一是蝎子池内的土壤中需要水分，以保持土壤的湿度；二是养蝎室内空气中需要水分，以保持一定的空气湿度；三是蝎子在气温高或空气湿度小非常干燥时需要饮水。其中前两者是蝎子水分的主要来源，当环境湿度正常、食物供应充足时，蝎子一般不需要饮水。

2. 蝎子常用饲料　蝎子是一种肉食性动物，主要以节肢动物为食，尤其喜欢食取高蛋白、低脂肪、体软多汁的昆虫幼虫。蝎子对食物的选择性很强，一般喜欢取食含水量适中的昆虫；含水量过高或过低的昆虫，都不爱吃；对有腐臭和有特殊气味、呆滞、死亡的昆虫也不爱食取。

（1）灯光诱捕昆虫　是利用荧光灯或黑光灯，在灯下装一个积虫漏斗，漏斗下口通入一个集虫箱或集虫袋来捕捉昆虫用来饲喂蝎子的一种方法。此法通常在谷雨至霜降这段时间，晚上8时至凌晨2时采用。

（2）食饵诱捕鼠妇　在鼠妇（又名潮虫、西瓜虫）

经常出没的地方（阴暗潮湿处），将搪瓷盆或光滑的陶盆、广口玻璃瓶埋在地下，盆（瓶）口与地面相平，盆（瓶）内放一些炒熟的黄豆粉、麦麸或面包屑、糠麸、菜叶等。这样每晚都会诱捕到很多的鼠妇，供蝎子食用（图3-27）。

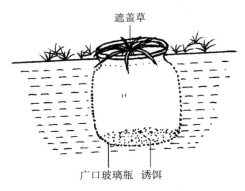

图3-27　食饵诱捕鼠妇示意图

（3）**人工养殖饲料虫**　通过人工养殖饲料虫，如黄粉虫、黑粉虫、蚯蚓、地鳖虫、洋虫、鼠妇、家蝇等，可作为人工养蝎的饵料来源。具体养殖方法及使用详见附录。

（4）**肉类饲料**　人工养蝎时，通常可采用青蛙肉、麻雀肉、鸡肉、猪肉等经过加工切碎后，直接投喂，尤其是适用于未产仔的孕蝎。注意这类食物不能在池内放置太久，以免腐败变质，影响蝎子健康。应注意及时取走吃剩的肉类饲料，保持蝎池（窝）清洁卫生。

（5）**矿物质饲料**　人工养蝎时，为防止蝎子矿物质缺乏，常常投喂些矿物质饲料。一般初春时，常在蝎池表层放些山石下的风化土，或将骨粉拌入肉类饲料投喂。

（6）**人工配合饲料** 蝎子主要捕食比其体形小的昆虫，但在人工饲养条件下，有时饲料虫不能满足养蝎需要，此时可以利用植物性饲料和动物性饲料及维生素和矿物质等作为原料，配制成配合饲料，作为养蝎的辅助饲料。下面介绍几个二龄蝎的饲料配方，供参考。

配方一：肉粉 125 克，饼干屑 125 克，牛奶 300 克。

配方二：肉粉 150 克，蛋黄粉 50 克，馍花 200 克，牛奶 450 克。

配方三：干昆虫粉 100 克，馍花 100 克，鲜蛋汁 220 克。

（二）不同时期蝎子的饲养管理

蝎子的不同生理时期生长发育特点不一样，因此在饲养管理上存在很大差异。

1. 孕蝎饲养管理 饲养种蝎的目的就是繁殖。蝎子的繁殖直接关系到种蝎群的发展，也关系到人工养蝎发展计划的制定。而孕蝎的饲养管理是整个种蝎饲养管理过程中的重要环节，直接影响养蝎的最终经济效益，因而要加强饲养管理。

（1）**创造良好的胚胎发育条件** 雌蝎在怀孕期间，由于胚胎的不断生长发育，需要的营养物质比一般蝎子要多、要好。所以，此期一定要供给孕蝎足够和丰富的食物，如喂给多种饲料虫或肉类，使孕蝎吃饱吃好，从而保证"胎儿"的正常发育。同时，在蝎子的饮水中也应适当添加一些维生素和微量元素。

雌蝎在怀孕期间最怕突如其来的响声，受惊吓的孕蝎往往会表现到处乱窜、不安，甚至发生流产、难产等现象，因此一定要保持环境安静。

实践证明，在雌蝎怀孕期间适当增加光照，能增加孕蝎机体对外界热量的吸收，促进机体内新陈代谢，提高消化吸收能力，促进胚胎正常生长发育，降低胚胎死亡率，使孕蝎顺利生产，提高仔蝎的成活率。另外，还能促进孕蝎摄取更多的矿物质（如钙等），加快胚胎外骨板的生长速度，促使胚胎提前发育完成，提早产仔。

（2）**置产房**　随着胚胎的迅速增大，雌蝎腹部也日益膨大，因而行动不便，不愿外出活动和觅食，这时可将其放到产房内进行饲养。孕蝎产房一般可分为单居产房和群居产房2种。

①单居产房　多用粗矮的广口玻璃罐头瓶，或一次性塑料杯作产房，也可以用玻璃或木板等制作成棋盘式的方格盘代替，规格为10厘米×10厘米×15厘米。每个瓶底铺一层2～3厘米厚的无污染的净土（湿度以手捏成团、松手即软为宜），用圆木棍夯实泥土，在瓶中再放一小块湿海绵（湿度以不滴水为宜），然后每个瓶内放1只临产雌蝎，投放1只地鳖幼虫或3条小蚯蚓，如被吃掉，应及时再投放饵料，以让孕蝎吃饱。

②群居产房　是在一个蝎池（窝）或盆中，放一些用泥土或混凝土制成的槽板火坑板和巢格板（具体做法可参照本章有关群居产房的建造）。然后将临产孕蝎放

入群居产房中，让蝎子在窝（坑）或穴中产仔。一般放蝎的数量为产房内蝎窝数量的80%～90%。若放得过多，易使部分孕蝎占不到产房，影响产仔；过少，则浪费场地，增加养殖成本。

一般情况下，多采用单居产房饲养临产雌蝎，因为这不仅能杜绝群居产房相通而出现的蝎子"窜房"互相干扰现象，而且孕蝎在单居产房内有安静的环境，能顺利产仔、背仔、护仔，并做到母子及时分离，仔蝎的成活率可达到95%以上。因此，种雌蝎在5000只以内的饲养规模最好采用单居产房饲养。

（3）临产雌蝎的识别 怀孕雌蝎在后期由于体重增加，行动迟缓，攀附能力较差，一般白天不愿意进窝，喜欢在阳光直射的物体背面潮湿的地方进行最后的体内胚胎孵化。这时的孕蝎前腹部肥大饱满，呈灰色，将其翻过身来可以看到腹内有似大米粒状的仔蝎。雌蝎在妊娠怀卵期对温度要求尤为严格。试验观察表明，温度低于5℃，卵发育停滞；5～15℃，卵胎发育延缓；25～30℃，卵胎发育加快，35～45天即可完成胚胎发育。因此，人工饲养时怀胎雌蝎最好在温暖室内，室温保持在32～38℃。孕蝎临近生产时，常选择在背光安静的地方，用触肢和第4对步足撑高躯体，第1～3对步足交替挖土，直至挖成杏核大的小坑。然后用4对步足撑高躯体，娩出仔蝎。

雌蝎娩仔为一次性娩出。新生仔形如卵状，被娩入土坑中堆集在雌蝎前腹部下方，表面覆以白色透明的黏液，相互粘连。起初仔蝎不会动，经20～50分钟后，身上的黏液略干，角须与步足渐渐开始蠕动，接着仔蝎可以伸展活动，此后便沿着母蝎的附肢和步足陆续爬于其背上，一般按照头朝内、尾朝外的方向，相互靠拢，排列整齐（图3-28）。

图3-28 刚娩出的仔蝎

（4）临产孕蝎的防逃和隔离 雌蝎在产仔时，绝不能受到干扰和惊吓，一定要保持环境安静，否则雌蝎为了躲避、逃跑，会甩掉背上的仔蝎，甚至吃掉部分仔蝎。同时，产仔后要注意及时给雌蝎供水供食。

（三）不同季节蝎子的饲养管理

蝎子的活动季节性比较明显，因为不同季节温度、湿度有别，蝎子的活动能力以及捕食的食物种类也不相同，因此，人工饲养时，要根据不同季节的特点采取有效的饲养管理措施，才能保证蝎子的正常生长繁殖。

1. 春季饲养管理　春季气温开始回升，冬眠的蝎子也要开始复苏。蝎子经过冬眠，体内所储存的养分基本耗尽，身体相当虚弱，一些体弱瘦小和部分幼蝎容易患病死亡。另一方面，早春气温极不稳定，忽高忽低，容易造成蝎子生理功能和代谢活动产生障碍。因此，必须加强饲养管理，以减少损失。

（1）防寒保温　早春期间要根据天气预报，随时做好保温工作，夜间关闭门窗，大棚养殖的应用草帘子或毛毡将蝎房顶部盖严，保持室内温度，白天应打开草帘或毛毡接受阳光增加热能，避免白天和夜晚的温差过大，造成蝎子不适应而死亡。

（2）合理喂食　一般谷雨以后，气温升到15℃以上时，蝎子才从冬眠中苏醒，在晴暖天气开始出窝活动觅食，其活动时间由短变长，活动的能力也不断加强。所以要及时投喂食物。但是因为这个时期温度仍不稳定，所以早期一般不宜供给蝎子过多的饲料，以防暴食、腹胀，导致死亡。春季蝎子的消化能力不很强，防病能力也较差，容易患病死亡。因此，应该严格控制投喂量，开始投喂些动物性饲料，投喂的数量应随蝎子的活动及消化能力的加强而逐渐增加，及时投喂饲料，否则蝎子会易因饥饿而互相残食。待到晚春，气温升高，蝎子活动能力增强时，也不应过多喂料，应严格控制投喂量，同时保证饲料清洁新鲜，以免蝎子吃得过多难于消化而导致消化不良，或因吃了不洁食物而产生腹泻或腹胀而死亡。

（3）**调整湿度** 清明以后，夜间出穴活动的各龄蝎子逐渐开始增多，此时应注意调整蝎子活动场地及室（窝）内的湿度，在风和日丽的中午，养蝎室与活动场地需要洒水，逐步调节池土湿度，恢复潮湿状态，使蝎子间接利用水分。切忌直接供水，以免蝎子因暴饮而腹胀死亡。同时在白天室内也要注意开灯，适当增加光照。

2. 夏季饲养管理 夏季是蝎子最适宜生长发育阶段，其活动量、采食量、生长发育速度都有明显提高。

（1）**逐渐加食** 立夏以后，气温开始升高，各龄蝎纷纷在夜间出穴活动觅食，进入快速生长发育的阶段，仔蝎频繁蜕皮，成蝎交配繁殖。此时应根据蝎子的实际情况逐渐加食，以多汁、易消化的饵料为主，每3～5天投喂1次，如昼夜温差较大，可7天投喂1次。幼蝎最好供给1～1.5厘米长的黄粉虫，并添加一定量的配合饲料；孕蝎除供给黄粉虫和地鳖虫外，还应增加投喂其他动物性活饵料，使其获得全面营养，以达到产仔快、产仔多、产优仔的目的。

（2）**饲料多样化** 每年清明节后进入夏季，各龄蝎子处于正常生长发育阶段，幼龄蝎进入蜕皮期，孕蝎开始产仔。夏季饲养管理的好坏直接关系到当年产仔成活率的高低，如孕蝎长期缺食，营养不良，所产幼蝎多为死胎或弱小幼蝎，严重者甚至造成流产。所以应加强营养，精心喂养，饲料要多样化，适当增加投喂次数，晚上除诱捕昆虫外，还应该投喂蚯蚓、地鳖虫、黄粉虫或鲜碎肉。使蝎子生长快，蜕皮死亡率低，抗病能力增强。

（3）**保证饮水**　进入夏季，由于天气干燥、气温较高，还要注意供应饮水，并可投喂水果、蔬菜，防止蝎子体内缺水尾部发黄干枯而死亡，或影响其生长繁殖。这时要间断性地往蝎池及栖息板上喷水，以降低养蝎室内的温度。喷水以雾状为佳，喷水次数视天气情况而定，一般每天喷水 1～2 次。

（4）**调节温湿度**　随着气温逐渐升高，空气干燥、闷热。因此，要做好饲养场地、蝎池（窝）等的降温防暑以及喷水保湿工作。当天气变化、闷热潮湿时，要注意通风换气；梅雨季节，应尽量少给或不给饮水，可在蝎窝内放些瓜皮和切开的茄片，或用浸湿水的海绵，供蝎子吮吸。空气过于干燥时，则要及时喷水增湿。同时，养蝎室在无风天气应打开窗户，加强通风。此季窝内湿度不宜过大，否则会导致风湿症半身不遂而死亡。

（5）**注意饮食卫生和消毒**　春末夏初，雨水多，空气湿度大，温度高，死亡的饲料虫和剩下的饲料等容易霉败变质，要注意卫生，及时清除。另外，入夏时应将蝎池（窝）彻底清理 1 次，蝎池（窝）内的砖瓦及养蝎用具等也应进行清洗及消毒。常用的消毒药物有高锰酸钾、新洁尔灭、硼酸等。

另外，夏季是蝎子生长繁殖旺盛期，管理上应抓好蝎子交配、产仔时期的管理，同时还应注意蝎群的分窝工作，以促进蝎子的快速生长和繁殖。

3. 秋季饲养管理　立秋以后，气候逐渐转凉，这时孕蝎大多数都已产仔完毕，此季的饲养管理重点是加强对幼蝎的喂养和管理，为扩大蝎群打好基础。

（1）创造良好的保育环境　进入秋季，天气渐冷，但这时仍有部分孕蝎还在繁殖期，因此要注意蝎房（室、窝）内的温度及保持周围环境的安静，以保证孕蝎正常生产，防止仔蝎产出后被冻死。此时可以将孕蝎和刚出生的仔蝎集中放到几个池（窝）内，进行专门饲养管理。

（2）创造良好的幼蝎蜕皮环境　8～9月份正是幼蝎蜕皮季节，为保证幼蝎顺利蜕皮，要创造适宜的环境条件，如多设孔穴，保证环境安全、安静，及时提供充足的食物、饮水，确保各龄蝎顺利蜕皮。

（3）给产后雌蝎提供丰富的营养　产后的雌蝎，尤其是刚与仔蝎分离开的雌蝎，由于体力消耗过大，需要及时补充大量营养，同时也需要在体内储存足够的营养来准备越冬。一般在冬眠前1个月开始，各龄蝎食量骤增，代谢过程也比较旺盛，将营养储存起来，并处于脱尽游离水的入蛰前的准备阶段。这时要适当增喂肉类和小昆虫，并且增加投喂次数，喂食量要做到宁可有余，不可欠缺，使各龄蝎体质增强，体内储备足够能量，以便安全越过寒冷的冬季。此外，要迅速减少蝎子的饮水量，取出蝎池或窝内的所有水盘，停止直接供水。可在蝎窝内放些瓜皮和切开的茄片等，让蝎子吮吸。同时还要设法降低蝎房、池内和活动场地的湿度，蝎子的栖息场所湿度控制在8%为宜。

4. 冬季饲养管理　霜降以后，随着气温的急剧下降，气温在 10℃以下时，蝎子便停止活动和采食，钻入蝎窝深处土坯或砖石缝隙处开始进入冬眠。

（1）**供足营养**　为了保证蝎子安全越冬，在冬蛰之前或是在蝎子冬眠前 1 个月左右开始，给蝎子提供充足的高营养食物，让蝎子吃保养肥，保证体内储备足够的营养，否则蝎子会因营养缺乏而抵抗力下降，不能安全越冬，以致造成死亡。

（2）**调低湿度**　缓慢减少蝎子活动区域沙土的含水量，保证蝎子蛰伏的地方干燥适宜，土壤湿度控制在 15% 左右，空气相对湿度在 70%～75% 之间。湿度过大，会减弱蝎子的耐寒性和对疾病的抵抗力；湿度过小，有时会引起蝎子慢性脱水，导致有些蝎子出现异常复苏而后死亡。

（3）**防寒保温**　蝎子冬眠期间适宜的温度应控制在 2～7℃，因此，要注意蝎房（窝）的防寒保温，可用稻草或塑料薄膜覆盖饲养池、窝；若为房养，则应注意封好门窗，房门挂上草帘，防止寒风侵袭。有条件的地方可适当采取加温措施。对于小规模养蝎场（户），也可在蝎子冬眠前夕，将蝎子收集在缸、坛内，埋入背风、通气、向阳光的土壤中，同样可起到保暖的作用。

（4）**防止天敌侵袭**　冬眠期间，蝎子完全失去了活动能力及保护自己的能力，处于"假死"的状态。因此，要加强防护措施，严防老鼠等天敌侵入残食蝎子。老鼠是蝎子冬眠期间最大的危害，多采取打洞进入蝎房，一只鼠每次能吃掉几十个冬眠的蝎子。

第四章
蝎子的病害与敌害防治

一、蝎子常见疾病的预防措施

（一）蝎子疾病的发生与传播

蝎子疾病的发生主要由三种因素相互作用而产生，即外界环境、病原微生物和蝎子的机体状况。

1. 外界环境　蝎子对外界环境的变化比较敏感，当受到惊吓、捕捉、运输、温湿度突然变化等因素刺激时，容易诱发机体产生应激反应，导致机体抵抗力下降而患病，尤其是外界温湿度的变化是导致蝎子疾病发生的主要环境因子。蝎子是低等变温动物，外界温度的变化直接或间接地影响到蝎子的生长发育、繁殖以及新陈代谢活动，蝎子的"春亡"就是因为蝎子冬眠后，机体抵抗力较弱，而春天气候变化无常，影响蝎子机体正常生理、代谢功能的恢复而造成死亡。若湿度过大，则利于各种病菌、寄生虫的大量繁殖，导致蝎子染病。

2. 病原微生物　蝎子的病害大多数是因病原微生物

引起的。病原微生物主要有细菌类、真菌类和病毒类等，其所引起的病害称为传染病，具有传染性，既可由蝎子个体之间直接接触传染，同样也可通过人、畜、昆虫、饲料、饮水和用具等间接传染。因此，传染病传播快，不易根除，其危害性最大。另外，还有一些寄生虫病害，又称侵袭病，系由于动物体内外寄生虫引起，具有流行性。主要病原为原虫、蠕虫、蜘蛛和昆虫等，其危害面广，影响也较大。

病原微生物的存在不一定就会引起蝎病，其必须具备一定的条件时才会发生疾病。例如：病原体应有足够的数量，病原体要通过各种途径（如污染的食物、空气和饮水等）进入蝎体，同时在蝎体抵抗力差的时候，才可能引起疾病。

3. 蝎子自身抵抗力　单纯的环境不适，或者存在许多病原微生物，蝎子都不一定会发病，只有蝎体抗病力弱的时候才容易发病。

蝎子机体抵抗力可以通过许多途径提高，如定向培育，或者利用杂交优势，避免种蝎长期近亲交配繁殖。也可以从加强饲养管理入手，给蝎子创造一个良好的生态环境，供给营养全面丰富的饲料，增强体质，从而减少疾病的发生和传播。

（二）养蝎场的卫生防疫

蝎子不像一般畜禽那样容易发生传染病而造成大批死亡，但是，如果卫生条件不好，温湿度不适宜，饲料和饮水不卫生，常常会导致蝎子发病，严重者造成大批死亡。因此，养蝎场必须建立一套以预防为主的卫生防疫制度，并严格执行，以保证蝎子健康生长、发育和繁殖。

1. 蝎场卫生

（1）**环境卫生**　对于蝎房内堆放的粪便、食物残屑，以及死亡的蝎子，应及时清除，不留污物、残渣，保持清洁卫生，以免饲养室（窝）内病原滋生，引起疾病发生和蔓延（图4-1）。

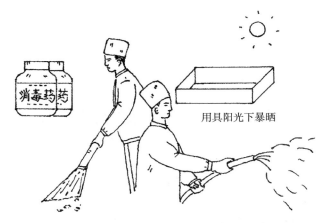

用具阳光下暴晒

图4-1　蝎室（窝）经常清扫消毒

（2）**饲料和饮水卫生**　蝎子的饲料主要有两个来源：一是人工配制的配合饲料，二是人工饲养的动物性饲料。尤其是人工饲养的动物饲料，饲料卫生需要从饲料动物培育时就要抓紧、抓好。绝对不能投喂变质的、腐败的食物，以免引起传染病发生。

饮水要清洁、卫生，不能给蝎子饮用放置多日的旧水、死水，更不能供饮污水、脏水。

2. 蝎场消毒 对蝎病要坚持防重于治的原则。目前，还没有用于预防蝎病的疫苗，只有靠加强防疫消毒，来降低疾病的发生率，提高蝎子的成活率。

（1）环境消毒 养蝎场区应定期清除杂草、垃圾，环境打扫完毕，然后用 0.02%～0.04% 福尔马林溶液或用 2%～3% 氢氧化钠（烧碱）热溶液进行喷洒消毒，以减少环境中的病原微生物（图 4-2）。

保持蝎房环境卫生

蝎池　　蝎窝

图 4-2　保持蝎池（窝）卫生

（2）室内消毒 对于新建养蝎室（窝），在清扫以后，或老的养蝎室（窝）在蝎子成批转出后进行彻底打扫，之后必须消毒。可用 5% 来苏儿溶液彻底喷洒消毒，也可用高锰酸钾、福尔马林熏蒸消毒，每立方米空间需福尔马林 20～30 毫升、高锰酸钾 10～15 克，待熏蒸消毒后，气味散尽方可再投放新的蝎群。一般情况下，谢绝外来人员参观和进入蝎场（图 4-3）。

（3）设施及工具消毒 饲养室（窝）内的设备和工

图 4-3　不得外人进场

具，可能会有病原微生物附着滋生，必须定期进行消毒灭菌。对于大型工具或设施可用 5% 来苏儿或 1% 福尔马林喷洒消毒；对于养蝎器皿等小型用具可用 0.1% 高锰酸钾溶液浸泡消毒或洗净后置阳光下紫外线消毒。

（4）发病蝎室处理消毒　如果室（窝）内发现病蝎，特别是有发霉现象的死蝎后，应立即将死蝎拣出做无害化处理，病蝎挑出隔离，健康蝎移到其他养蝎室（窝）内，然后立即清除污物和陈旧饲养土，并对室内和垛体进行消毒。室内消毒可以用 5% 来苏儿溶液喷洒，也可以用 0.02%～0.04% 福尔马林溶液喷洒。对垛体可以用柴草火烧的方法达到彻底消毒的目的。

二、蝎子病害防治

蝎子的生命力较强，在一般情况下很少患病，发病主要是由于管理不当和环境卫生条件太差所引起。常见病害有以下几种。

（一）斑霉病（真菌病、黑霉病）

斑霉病又称真菌病，因为成熟的真菌呈黑色，故又称黑霉病。该病是一种季节性很强的疾病，一般多集中在高温季节，且往往大面积感染。

【病　因】　多是由于蝎子栖息环境长期潮湿（土壤湿度大于 20% 以上），气温较高，使真菌在蝎子躯体上寄生感染，而引起发病。尤其在阴雨时节，动物性饲料过剩、死亡后发生霉变，容易使真菌大量繁殖，并趁蝎体抵抗力降低的机会，经呼吸道和消化道侵入体内，感染蝎体的主要内脏器官，引起身体功能发生障碍，甚至发生内脏器官的病变。一旦发病，极易大面积感染。

【症　状】　患病初期病蝎表现极度不安，往高处或干燥处爬，食欲大减，行动呆滞，活动减少，接着后腹部不能蜷曲，肌肉松弛，全身柔软，体色光泽消退。严重时头胸部、背部、前腹部，出现黄褐色或红褐色小点状霉斑，逐渐向四周蔓延扩大，并呈片块状突起，负趋光性不明显，不食，几天后死亡。尸体内充满绿色霉状体集结而成的菌丝体（图 4-4）。

【防　治】　本病以预防为主，加强饲养管理。平时要定期消毒，同时调节好环境湿度，保证土壤湿度在 10%～15% 之间，湿度偏低时可用百毒杀（1∶600）喷洒消毒；对死亡或变质的饲料虫及时清理，防止饲料发生霉变。

对病蝎用土霉素（0.25 毫克 / 片）1 片，酵母片 1.5

黄褐色或红褐色
小点状霉斑

真菌寄生在蝎体表引起发病

图 4-4　蝎子霉斑病症状

片，加水 400 毫升溶解后，用镊子或筷子夹住蝎子的后腹部，强制其饮水，每天 2 次，2 天可治愈。

（二）体腐病（黑腐病）

【病　因】　多是因为蝎子采食了腐败发霉变质的饲料、饲料虫或饮了不洁净的饮水，或健康的蝎子食了病死蝎尸后，而导致的一种身体腐烂病。

【症　状】　发病初期病蝎前腹呈黑色、腹胀，活动减少或不出穴活动，食欲不振甚至不食，继而前腹部出现黑色腐败溃疡性病灶，用手轻轻挤压会有黑色污秽物流出。病蝎多在病灶形成时即死亡，死蝎身体松弛，组织液化（图 4-5）。该病病程较短，死亡率很高。

【防　治】　本病无特效药物，应以预防为主，加强饲养管理。平时要保证饲料和饲料虫新鲜可口，饮水清洁，经常洗涤饮食用具（食碟、水碟、海绵等），及时清

食欲减退或不食

腹胀，前腹呈黑色，
继而腐烂溃疡

图 4-5　蝎子体腐病症状

除蝎池中饲料虫的残骸。发现病蝎，立即翻垛清池，拣出死蝎焚烧处理，并对死蝎池进行全面喷雾消毒，可用0.3% 高锰酸钾或 1%～2% 福尔马林溶液或 1%～2% 来苏儿溶液对地板、墙壁、垛体砖坯、蝎池喷雾消毒。

　　对尚未发现病状的蝎子，要及时投药预防。主要方法有：①酵母 1 克、红霉素 0.5 克，拌入 0.5 千克配合饲料中投喂蝎群 3～5 天；②小苏打 2.5 克、长效磺胺 0.5克，拌入 0.5 千克配合饲料中投喂蝎群 3～5 天；③复合维生素 5 克、红霉素 2.5 克，拌入 0.5 千克配合饲料中投喂蝎群 3～5 天；④大黄苏打片 2.5 克、土霉素 0.5 克，拌入 0.5 千克配合饲料中投喂蝎群 3～5 天。

（三）枯尾病（青枯病）

　　【病　因】　该病是由于环境长期干燥、饲料含水量低或饮水供给不足等而引起蝎子慢性脱水所造成。

　　【症　状】　起初在蝎子的后腹部末端（尾梢处）出现枯黄色干枯萎缩现象，病变部位并逐渐向前腹部延伸。

当后腹部近端（尾根处）出现干枯萎缩时，病蝎开始死亡。患病初期，蝎子之间常因争夺水分而发生互相残杀的现象（图4-6）。

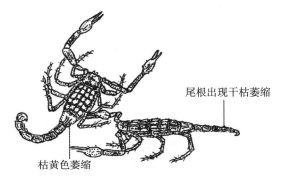

尾根出现干枯萎缩

枯黄色萎缩

图4-6　蝎子枯尾症

【防　治】　活动场地沙土湿度保持在20%左右。投喂含水量高的鲜活饲料虫。饲养土及蝎窝保持湿润，但不可出现明水。将病蝎捕移到塑料盆中，盆中放一块湿毛巾或蚊帐布（以不滴水为宜）。一般这样饲养半个月左右，病蝎体内水分就会得到补充，症状就会缓解，不需要使用药物。病蝎恢复正常后，再将其放回饲养池中饲养。

（四）拖尾病（半身不遂病）

【病　因】　由于长期投喂脂肪含量较高的饲料，使蝎体内脂肪大量积累，加之蝎子的栖息场所环境高温高湿，蝎子体内循环受阻，导致发生本病。一般在二龄时易患此病。因病蝎后腹部（尾部）下垂、拖地，故称之为"拖尾病"。

【症　状】　病蝎躯体光泽明亮，肢节隆大，肢体功能降低或丧失，后腹部（尾部）下垂、拖地，活动缓慢而艰难，行走时侧身横向，斜行或转行，有的用一侧附肢和第二对螯肢行走，行走时连滚带爬。有时伏卧不动，口器呈粉红色，似有脂性黏液溢出，用小筷条或镊子轻轻接触病蝎，病蝎反应迟钝，甚至完全丧失知觉。病程5～10日，最后死亡（图4-7）。

尾巴下垂托地，行动缓慢或卧地不动

肢节膨大

图4-7　蝎子霉斑病症状

【防　治】　平时注意调节环境和垛体的湿度。在室内高温时，池土湿度不能过大，空气相对湿度不能长时间超过85%，保持蝎房通风透气。不喂或少喂脂肪含量高的饲料，尤其是蚕蛹等肥腻的动物性饲料。早期发现蝎子发病，立即停止供给脂肪含量高的动物性饲料，改喂些鲜槐叶或苹果、番茄等果蔬，其症状可以慢慢自行缓解而痊愈。或对病蝎停止供食3～5天，然后再用大黄苏打片3克、炒香的麦麸0.5千克、水60毫升，拌匀饲喂，直到病愈为止。

（五）急性脱水病（体懒病、麻痹病）

【病　因】　本病主要是由于高温高湿突然来临，蝎子因无法适应而出现急性脱水现象。尤其是在加温养殖的条件下，温湿度控制不当，极易发生此病。

【症　状】　初患此病的蝎群突然活动反常，慌乱不安，大多出穴慌乱走动，继而出现节肢软化，运动功能丧失，尾部拖地，出现抽沟，全身色素加深，肢体麻痹、瘫痪。此病的病程十分短促，从发病至功能丧失 1～2 小时即死亡。

【防　治】　本病重在预防，在加温养殖时，必须注意控制养殖环境的温湿度，防止出现 40℃以上烘干性的高温。如果养蝎房内已形成高温高湿状况，蝎子出现爬动缓慢症状时，应立即通风换气，并将所有蝎子移出，进行补水，即在 30～35℃的热水中加入 0.1% 食盐和白糖，喷洒在蝎体上，喷湿即可。待饲养室内的温湿度变为正常时，再将蝎子移回。

（六）腹胀病（大肚子病、胀肚病、消化不良病）

【病　因】　由于饲养管理不良，环境湿度偏低，蝎子受凉，或采食过量，导致消化生理功能障碍，食物停滞在消化道中发酵产生大量气体而致腹部膨胀。此病多发生在早春气温偏低及晚秋低温时节。

【症　状】　病蝎表现食欲下降，采食不主动积极，排粪异常，粪便时硬结时稀烂，时多时少。若不采取措施，一般 10～15 天便开始死亡。孕蝎一旦患病，可造成体内幼蝎孵化终止或不孕（图 4-8）。

【防　治】　春季和晚秋低温时注意保暖，并尽量少

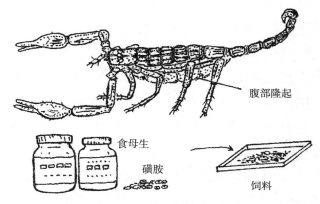

图4-8 蝎子腹胀病

投饲料，保证蝎子消化能力正常，可防止此病的发生。发现病蝎腹胀，应立即停止供食几天，将温度缓慢调节到20℃以上。

发病蝎可用多酶片或食母生1克、长效磺胺0.1克，与100克饲料拌匀喂至痊愈。也可用酵母片、大黄苏打片研磨后溶于水，配成35%左右的药液，最好加0.1%碘盐，对蝎身喷雾，同时加温，促进蝎子活动，以便增强消化吸收能力，加快对体内过量营养物质的消化吸收。

（七）流 产

流产是指还未到产期而提早产出仔蝎，产出的仔蝎由于内部各种器官还未成熟，所以生命力很差，难于生存，因而造成减产。

【病 因】 孕蝎饲养密度过大，互相挤压、咬斗，受到惊吓、摔跌；运输孕蝎途中震动、颠簸过大，互相堆压；人工捉孕蝎夹取腹部时，用力过大等，这些机械损伤都会导致流产。孕蝎受到噪声惊吓、特殊气味刺激、受凉，也会导致流产。吃下发霉变质、污染农药的食物、饮水或刺激性大的药物，孕蝎也会流产。此外，在发生传染性疾病时，也常会造成流产。

【症　状】　孕蝎流产前主要表现急躁、慌乱不安，到处爬动，并提前产出发育未成熟不能成活的仔蝎，仔蝎很快死亡。

【防　治】　该病目前无特效药治疗，只有加强饲养管理，针对性地做好预防工作。平时要保持孕蝎良好的环境条件，提供适宜的温湿度，防止噪声、强光的干扰。提供营养全面、清洁卫生、无污染的食物和饮水。运输孕蝎时，运输量不宜过多，密度不宜过大，运输过程中尽量减少震动。对流产的蝎子，应早发现早处理，以减少损失。

（八）死　胎

死胎是指孕蝎产下已经死亡的胚胎（仔蝎）。死胎的出现极大地降低了蝎子的繁殖率。

【病　因】　隔年失配或连年失配的雌蝎，产仔质量下降，产出弱仔蝎和死精卵；长期缺乏食物和饮水，使胚胎得不到足够的营养物质而中断发育，或因孕蝎年老体弱，组织器官功能退化，体液失调，以及孕蝎受到机械性损伤或其他物理性、化学性伤害刺激，都能引起仔蝎发育不全，或体内孵化终止而产生死胎。

【症　状】　发生流产的雌蝎产下的全部为死蝎。产出死精卵是因精子死亡或胚胎芽死亡而形成，米黄色，呈圆粒状，直径1毫米左右。弱精仔蝎发育基本成形，但不完全成熟，娩出后未爬上母背即死亡，通常和死精卵同时娩出。

【防　治】　不用衰老的雌蝎作种蝎，选择青壮年蝎作种蝎；雌雄蝎比例适宜，使产后的雌蝎及时配上种；加强日常饲养管理，为孕蝎创造适宜的生活环境，避免出现干燥、缺食现象，避免种蝎在怀孕后期受到意外的伤害和惊吓。

三、敌害防治

（一）蚂　蚁

【危　害】　蚂蚁虽小，但可以无孔不入，很容易侵入蝎场，对养蝎威胁最大。它不仅争夺蝎子的食物，同时还咬食蝎子，尤其是防卫能力相对较低的仔蝎、正在蜕皮的幼蝎，以及体弱的病残蝎和处于繁殖期的雌蝎。

蚂蚁侵入蝎群后，蝎子受惊扰而四处奔逃，尽量躲避。如果未能及时避开而与之遭遇，一般会发生冲突打斗。当蚂蚁数量较大时，则蝎子（即使是成年雄蝎）难敌蚁群，最终被咬死、吃掉。如果蚂蚁数量少，只是零星几只，则蝎子能用强大的触肢将蚂蚁一只只钳住送入口中吃掉。

【防范方法】

（1）建养蝎池以前，地面土层夯实，防止蚂蚁打穴进入。在蝎室周围筑小水沟，或将番茄秧蔓切碎，撒在饲养区隔墙外四周（图4-9）。

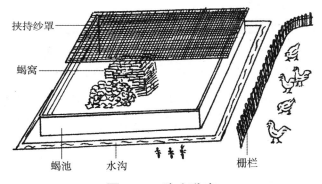

挟持纱罩

蝎窝

蝎池　　水沟　　栅栏

图4-9　防止敌害

（2）检查蝎池培养土有无蚂蚁和蚁卵。

（3）对于没有放养种蝎的蝎房（新建蝎房或迁出后的空房），可用高锰酸钾和福尔马林熏蒸，几个小时后，再开门通风，可达到灭蚁的目的。

（4）如在蝎窝内发现蚂蚁，可用煮熟的肉骨头放进蝎窝内诱杀。必要时还要进行翻窝换土，彻底清除。

（5）用灭蚁药粉撒在蝎池周围，可保持较长时间防蚁效果，并可将蚂蚁毒死。灭蚁药配方如下：萘（卫生球）粉50克、植物油50克、锯末250克，混合拌匀即可。

（二）老　鼠

【危　害】　老鼠善爬高，能打洞。它不仅危害蝎子和蝎子的饲料虫，而且破坏养蝎设施。老鼠在夏季前后，一般不敢轻易潜入蝎窝，以防蝎子蜇伤。而到了冬季，当蝎子团聚在一起不食不动，开始越冬时，老鼠便会潜入冬眠蝎窝，连吃带咬，危害严重。

【防范方法】

（1）经常打扫垃圾杂物，消除老鼠的藏身之地；饲养室、池内打水泥地板或铺砖，以防老鼠打洞。

（2）蝎子进入冬眠后，应经常检查门窗是否严密，及时堵塞鼠洞，并安放鼠夹、捕鼠笼、电子捕鼠器等器械诱捕老鼠。在捕鼠过程中不要用农药灭鼠，以免蝎子中毒死亡。

（三）壁　虎

【危　害】　壁虎又名守宫，其趾端有共同的盘状趾垫，能攀爬光滑的墙壁、玻璃等，行动矫捷，擅长钻缝，具有昼伏夜出习性，不易被人们发现。壁虎蹿进蝎窝，往往招致同归于尽，但它也有将蝎子置于死地的方法。尤其对小蝎危害严重，一次即可吞食十几只幼蝎，应注意防范。

【防范方法】

（1）封闭蝎房门窗，不留任何裂缝，可钉上纱窗，养殖池或蝎窝上加盖塑料纱罩，防止壁虎出入。

（2）清除蝎窝周围的堆积物，不让壁虎有藏身之处。

（3）经常检查室内墙壁，发现孔洞及时阻塞，防止壁虎进入养蝎室。夜晚用手电筒进行检查，发现壁虎，及时捕杀。

（四）鸟 和 鸡

【危　害】 养蝎室如果不密闭或进出不关门，鸡、鸟就可能蹿进蝎室饱餐一顿，尤其是麻雀危害最大，对五龄以下的小蝎危害严重。

【防范方法】 堵严房檐、墙壁、门缝及漏洞，出入关门，养蝎池上面必须加盖，养鸡必须圈养或采取相应措施防止其进入蝎房，切忌鸡、蝎混养在一个房院内（图4-10）。

图4-10　敌害防御措施

另外，蜘蛛虽可作为蝎子的食物，但也是蝎子不可忽视的天敌。一只不大的蜘蛛可用蛛丝将比自己体重大几倍、几十倍的蝎子紧紧缠住，然后再慢慢吃掉。因此，也要注意防范蜘蛛对蝎子的侵害。

第五章
蝎子的采收、加工与保存

一、蝎子的采收

（一）采收原则与采收时间

1. 采收原则 蝎子的采收按不同的经营目的而有不同的要求。在自然温度下，经过 3 年饲养的蝎子都可以采收。

目前，虽然市场上蝎子供不应求，但是繁殖能力好的成年雌雄蝎应留作种用或出售，以获得更好的经济效益。因此，在蝎子采收加工时，应进行合理选择。

（1）对于配种能力差的雄蝎，以及蝎群过多的雄蝎，或生性残忍、好咬斗的雄蝎，都应该尽早淘汰采收加工，以确保种蝎群优良，提高繁殖率及仔蝎成活率。

（2）对于饲养时间较长、已经老龄化的种蝎（即一般交配产仔超过 3～4 年的雌蝎），因其生理功能已经下降，往往表现为受精率差、空怀多、繁殖率低，以及产出的仔蝎体弱、生长速度慢、成活率不高，利用价值不大，应尽早淘汰采收加工。

（3）近亲繁殖的雌雄蝎，不仅繁殖能力差、产仔少，而且经常产死胎和畸形蝎子，没有再保留的价值，应该全部淘汰采收加工。

（4）对于无治疗价值的病蝎、身体及附肢残缺的残蝎，以及瘦弱的成年蝎和青年蝎，应及时淘汰采收加工。

（5）对于母性差、有吃仔习性、产后不背负仔蝎、产仔率低的壮年蝎，也应及早淘汰采收加工。

（6）对于野生蝎，除了作为种用和幼小蝎子外，其余应该全部采收加工。

2. 采收时间　蝎子的采收时间，雌雄蝎应分别对待，雄蝎除继续留种的外，其余在交配后采收；雌蝎宜在产仔后的立秋至处暑期间采收，这样可节约饲料；待产孕蝎的出售，宜在产前1～2个月收集。至于平时发现一些病蝎和未曾变质的死蝎，应随时采收加工，迅速处理，一般都不会影响药用价值。野生蝎一般于春、夏、秋三季捕捉，以春天蝎子出蛰后捕捉为最佳。

（二）采收工具与采收方法

1. 采收工具　由于蝎子具有攻击性且带毒，捕捉时不小心会被蜇伤，所以收取蝎子不宜徒手进行，必须配备一些必要的捕捉工具。最常备的工具有：毛刷、小塑料盆和簸箕、镊子或竹筷子、手套、橡胶鞋和装蝎容器。另外，尚需准备酒精、手电和有关的药品，预防被蝎子蜇伤后的处理。

毛刷主要是在收捕房养蝎时进行扫收，或池养、盆养等将瓦片或砖块上附着的蝎子扫入盆中，以及将池和盆中的蝎子扫收。毛刷可选用中号油漆毛刷，既细密，又柔软适当，不会伤及藏匿蝎子。在采收蝎子时，一般先将蝎子扫入小塑料盆或簸箕中，然后再集中倒入大塑料盆中。

捕捉蝎子时，一般使用竹筷子或镊子，注意不要夹伤蝎子，尤其是怀孕雌蝎更应该小心。如果使用金属镊子，最好在外面用塑料包裹。镊子的规格没有严格的要求，但是要求不能太小、太细，一般长 15～20 厘米，前面宽以 1 厘米左右为宜，只要便于操作即可。

2. 采收方法　采收蝎子的方法应根据养蝎的方式、设备和数量决定。

（1）池养蝎的采收　一般在白天进行，用中大号毛刷子直接将蝎窝内的蝎子扫入簸箕内，倒入内壁光滑的桶或塑料盆内；然后将蝎窝内瓦片逐块揭起，将藏在瓦片上的蝎子扫出，同样放在塑料盆内。最后再对桶或塑料盆中的蝎子进行挑选，把中蝎、幼蝎以及健壮的雌蝎、孕蝎留下来，其余的则进行加工处理。

（2）房养蝎的采收　房养蝎可采用酒熏法捕捉。即在采收前，用低度白酒（30°米酒为佳）或酒精向蝎房内喷洒，喷后立即关好门窗，仅墙脚 2 个出气孔不要堵塞，稍等 20～30 分钟，酒气充满房内，蝎子忍受不住酒味便会从出气孔逃出来，掉入事先放在通气孔下面的盆内，然后再进行挑选。

（3）**缸养和箱养蝎的采收**　只要将缸、箱内的砖瓦片掀起或捡起，便可看见蝎子，然后将蝎子一一扫入盆内。对于孕蝎，宜用夹子或竹筷，轻轻夹住其前腹部与后腹的交界处，要轻捕轻放，防止夹伤。

（4）**山养蝎的采收**　散养场或在山上放养的蝎子采收难度稍大一些，因为蝎子活动范围大、不集中，其活捕很难采取扫、诱的方法，最有效的方法是在夜间用手电筒加镊子捕获。捕捉时先用手电筒照射放养区，蝎子见到光线即伏地不动，这时用镊子轻轻夹住蝎子的后腹部，放入塑料盆中即可（图 5-1）。在收捕蝎子中应遵循"收大不收小，收公不收母"的原则。

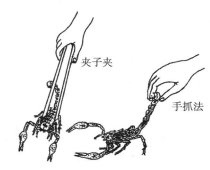

夹子夹

手抓法

图 5-1　捉蝎方法

不论采用何种方法采收，首先要注意个人防护，谨慎操作，防止蜇伤，然后对采收的蝎子进行分检。在采收的过程中，如果发现病蝎、死蝎，要及时拣出，并对蝎窝或蝎房采取相应的消毒措施。

二、蝎子的运输

蝎子的运输一般是指活蝎的运输，因为加工后蝎子的运输不存在疑难问题，只要注意外包装不损坏、不压碎内包装即可。但是活蝎运输首先要保证蝎子的成活率，尤其是种蝎的运输，不但要保证运输途中的成活率，而且还要保证到达目的地后恢复体力之前的成活率。同时，还要注意防止蝎子运输途中跑出来蜇伤人畜，所以必须讲究运输方法。根据运输蝎子的数量大小以及路程远近可采用不同的方法。

（一）塑料桶运输法

该法是指使用圆形塑料桶运输蝎子的一种方法。

为了运输过程中蝎子在桶内能通风透气，可以先在桶盖上用烧红的铁丝穿孔，也可以用电钻等器械在桶的上方多穿几个孔，孔的大小以蝎子钻不出来为宜。然后在桶内装入几块消毒好的蛋托，一是为了不让蝎子互相挤压；二是能使桶内形成一个黑暗环境，避免蝎子见光乱跑乱动，产生应激反应。蛋托的高度离桶口5厘米左右，使蝎子不能从桶里爬出来跑掉。一般一个22升的桶不能装超过3千克蝎子，其他大小的桶可适当增减。装好蝎子后将桶盖盖上，两对角黏上透明胶带或打上包装带，使盖不能打开。这样形成两个防逃的保障，即蝎子在开盖时不能上到桶沿，方便装蝎；而盖上盖后，即使运输中桶倒了，蝎子也不能从里面跑出来。

该方法适宜于运输少量的蝎子，即几千克或十几千克蝎子，长途或短途都可适用。

（二）塑料盆运输法

该法是指使用方形塑料盆运输蝎子的一种方法。

　　装盆时先在离盆口 2 厘米处，沿四周打 1 排或 2 排孔，打孔方法、孔的大小及数量同塑料桶。将消毒好的鸡蛋托放几块到塑料盆中，然后将蝎子倒入，一般规格为 60 厘米×40 厘米×30 厘米的盆子可装 5～6 千克蝎子，根据盆的大小可适当增加数量。使用方形盆运输蝎子多采用叠装法，即盆叠盆，高度一般 3～4 层，高者可达到 7～8 层，但是必须保证稳固不倒。为了加强稳固性，可用 5 厘米宽的透明胶带将每一叠的盆与盆之间及叠与叠之间连好，使其成为一体。若运输量不是很大，不需要叠装时，可在盆口上封上纱窗网，则盆口周围无须打孔。

　　该方法适宜于长途大量运输蝎子，一般载重量 1 吨的货车一次能运 500 千克左右。若是在盆中放置一些饲料虫，一般 3～4 天没有什么问题。

（三）编织袋运输法

　　该法是使用尼龙编织袋运输蝎子的一种方法。

　　运输时先将种蝎装入洁净、无破损、无毒害的编织袋内，装运密度为每袋 500 只左右，在离袋口 5 厘米处扎好袋口，以防止蝎子逃出。然后将编织袋平放入底部有海绵、纸板、纸团等的包装箱中，尽量使蝎子平均分布，减少互相挤压，造成损伤。在离下层编织袋 3～4 厘米处用竹片或小木条搭一个平台，然后再放上一个编织袋，一般一个包装箱内以放 3～4 层为宜，可装 6～8 千克蝎子。蝎子放好后，包装箱可用宽 5 厘米的透明胶带封好即可。运输过程中要避免剧烈震动，夏季运输要

注意防高温，冬季要注意防寒。

该种方法适用于大量运输，但运输的时间不能太长，一般不宜超过1天，通常飞机运输或短途运输多采用此法。

三、蝎子的加工

（一）咸全蝎的加工方法

咸全蝎又称盐水蝎，即在加工时加入食盐制成的全蝎。

加工方法和步骤：首先将蝎子放入塑料盆或桶内，加入冷水进行冲洗，洗掉蝎子身上的污物和排出蝎子体内的粪尿，反复冲洗几次，洗净后捞出，放入事先准备好的盐水缸或锅内（一般1千克活蝎加入300克盐、5 000毫升水）。缸或锅盖上草席或竹帘，盐水以没过蝎子为宜，浸泡30分钟至2小时后加热煮沸，水沸后保持20～30分钟，然后开盖检查，用手指捏其尾端，如能挺直竖立、背面有抽沟、腹部瘪缩，即可捞出，放置在草席上于通风处阴干或晾干，即成咸全蝎或盐水蝎。切忌在阳光下暴晒，因为日晒后蝎体会起盐霜而易返潮，影响商品质量。阴干后的咸全蝎在入药时再用清水漂走盐质，以降低食盐的含量。

（二）淡全蝎的加工方法

淡全蝎又称淡水蝎、清水蝎，即在加工时不加入食盐而制成的全蝎。

加工方法和步骤：先将蝎子放入冷水盆或桶内浸泡，洗掉蝎子身上的污物和排出蝎子体内的粪尿。但时间不宜过长，不然蝎子会被淹死，影响品质，一般在清水中浸泡 1 小时左右为宜。洗干净后捞出放入沸水中，锅内的水以浸没蝎子为宜，用旺火煮几分钟，待水再沸起来就捞出，晾晒阴干或烘干即成淡全蝎。应注意的是，煮蝎子的时间不可过长，以免破坏有效成分。

淡全蝎夏天不返卤，形态比较完整，但容易遭虫蛀或发霉，干时碰压易碎。

四、全蝎的质量等级和保存方法

（一）加工药用全蝎的质量等级

加工药用全蝎的质量等级是依据其外形完整率而定。收购时，将药用蝎分为 4 级：一级蝎，完整率为 95%；二级蝎，完整率为 85%；三级蝎，完整率为 75%；四级蝎，完整率为 65%。实际操作中，蝎加工后的色泽，往往也成为质量的标准。一般正品的全蝎为棕色或黄色，黑色为次等品。因此，在加工全蝎时，应注意其外形完整率及颜色。

（二）商品全蝎质量的鉴别

优质成品蝎蝎体阴干得当，干而不脆，个体大小均匀，颜色纯正，全身呈淡黄棕色，显油润，有光泽，气味略带腥气，味咸。蝎体完整，头、尾、足齐全，没有碎裂及残缺，无碎屑，头部与前腹部呈扁平椭圆形，后腹部呈尾状，皱缩弯曲。蝎体13节，头部有钳状脚须1对，腹部具足4对，末端各有双钩爪，腹部最末一节有一尖锐毒钩。空腹，身上无泥沙等杂质，无盐卤。大小分离，不混杂。

死蝎加工成的全蝎和品质低劣的全蝎，则往往表现为个体大小不均，干湿不适度，易碎裂、残缺，而且表面往往有盐晶体及杂质，最明显的是颜色不正，甚至呈青黑色。这类全蝎质量差、易变质、不耐贮存。从时间上来看，以春季制干的全蝎质量最佳，因此时的蝎子体内杂质较少，性味俱全，故有"春蝎"之称。

咸全蝎和淡全蝎相比，各有其优缺点，咸全蝎在湿热的夏季容易返卤起盐霜，缺肢断尾，但不易遭虫蛀、发霉等。而淡全蝎不返卤，形态较完整，但易遭虫蛀，干时碰压易碎难以妥善保存。从药效来看，有些人认为淡全蝎较咸全蝎好。

（三）全蝎的保存方法

加工好的成品蝎初步分等后，应及时包装贮存。宜放入布袋、纤维袋或草袋内，扎紧袋口放置于阴凉干燥通风处保存。为了防止反潮，应进行密封，最好的贮存方法是先用防潮的纸包好，每500克一包，放入木箱中，木箱内壁可涂刷猪血，使之不漏气，箱内衬油纸，封好箱后存放于阴凉干燥处。如果不具备这样的贮存条件，也可采用一种简单的方法，即将干蝎装入加厚的塑料袋中，排尽空气，然后密封，置于阴凉干燥处贮存。

在整个保存期应注意防止暴晒、虫蛀和发霉。为防虫蛀，箱内可撒一些花椒。质量好的全蝎，按上述方法进行密封贮存，3年不会变质。有的地方在包装前用少许芝麻油（香油）均匀搅拌，使成品蝎体上能覆上薄薄一层油，可起到防潮的作用，保存期可以更长一些。一般10千克成品蝎子用250克芝麻油搅拌即可。如有条件，最好是冷藏。对于养殖户，最好将制成的商品蝎及时卖掉，以免长期保管不当造成损失。

在装运商品全蝎时，注意不要用塑料袋包装，这样容易将全蝎压碎，遭受损失。出口产品要求用专用木箱装，每件净重10千克。

第六章
蝎子蜇伤预防与救护

蝎子的尾刺有毒。人们在养蝎的日常管理、捕移、采收，以及包装运输过程中都有被蝎蜇伤的可能，特别是在捕移及采收操作中，被蜇伤的情况相当普遍。因此，加强安全保护非常重要。

一、自我保护

饲养人员整天与蝎子打交道，存在着被蝎子蜇伤的危险，因而学会自我保护方法和蝎子蜇伤后的处理方法显得十分必要。饲养管理人员自我保护包括两方面，即措施保护和行为保护。

无论采取哪种保护，首先饲养管理人员要树立自我保护意识，在思想上要引起重视。既不要麻痹大意，持无所谓的态度，也不要过分恐惧；既要认识到蝎毒的危害，也要认识到蝎毒可解。并要严格遵守蝎场的各项操作规程及安全制度。

（一）措施保护

首先，蝎房要有保护设施，上面用网罩罩上，墙壁上有防逃玻璃条等，门窗都安上网罩，防止蝎子逃跑、伤害人畜。

其次，在日常饲养管理和捕移、采收、加工操作过程中，要注意采取相应的个人防护措施具体如下：一般应穿上长袖衣、长管裤、长筒袜及不带网洞的鞋，并扎紧袖口、裤腿，戴好防护手套，手套与袖口处要连接好、扎紧。配备各种必要的捉蝎、装蝎物品，如扫帚、刷子，用以清扫及收捕蝎子；镊子或竹夹子，用以代替手捉蝎子；盖上有孔的带盖盛装容器或塑料桶、搪瓷盆等，用以转运、暂放蝎子。

（二）行为保护

行为保护是指饲养管理人员在饲养管理过程中，严格遵守蝎场的各项操作规程，尽量做到操作行为规范化，避免因自身的行为动作不当导致被蝎子蜇伤。因此，要求饲养管理人员要做好以下几点。

第一，在饲养管理过程中，饲养管理人员应尽量减少对蝎子的刺激，并减少用手及身体其他部位触及蝎子的尾部。

第二，在蝎池或蝎窝内捕捉蝎时，要讲究方法，在捕捉蝎子时，必须集中注意力，避免手同蝎子直接接触，蝎子在行动时，可先吹一口气，使其处于临敌状态，待其停止爬行时，然后迅速用竹夹或镊子适度夹取，迅速装入盛器。如徒手捉取，食指和拇指要配合好，动作要敏捷，迅速捉住蝎子的尾刺部位，放下时先让蝎子的前足着地后再松手，这样操作就不会被蝎子蜇伤。万一蝎子爬上手背，也不要惊慌失措，只要不刺激它，其也不会蜇人。出现这种情况，可用竹夹夹住蝎尾，轻轻放入蝎窝或盛器。

第三，非饲养人员一律不得擅自进入蝎场养殖区，尤其是不能动手逗引蝎群，以防被蜇伤和惊动蝎群。

第四，每次操作完毕要及时将所戴手套做去毒处理，以防手套带毒被手及其他部位，尤其是被伤口接触，使蝎毒通过伤口进入体内，导致中毒。方法是用浓肥皂水、洗衣粉水清洗。

二、蜇伤的临床表现与处理

（一）蜇伤的临床表现

蝎子在一般情况下并不随便蜇人，平时毒钩蜷曲在脊背上，如果未受到惊吓、碰撞和挤压，即使爬到人的身体上也不会蜇人。蝎子蜇人多发生在手、脚等部位，特别是用手经常接触蝎群，极易被蝎子蜇伤。蝎子蜇人主要是将毒液注入被蜇处，有些时候毒针会断在被蜇处的皮肤或肌肉内。

我国产的蝎子主要以东亚钳蝎为主，其毒力较弱，蜇伤后一般只出现局部灼痛、轻微红肿等症，一般约 1 小时便会自然消失，不会红肿，也看不出明显被尾刺刺伤的针眼。但是，由于人的体质或体液的差异，对蝎子蜇伤的反应也不相同。有的人被蝎子蜇伤后只是局部红肿、疼痛，可以忍受。有些人被蝎子蜇伤后蜇伤部迅速红肿、肿块膨大发亮，随后出现水疱，达到不能忍受的程度。也有少数人被蝎子蜇伤后，出现全身中毒反应，除了上述局部症状外，还表现为头部涨痛昏晕、全身不适、出汗、尿少、嗜睡等症状；严重时还出现心律紊乱、肌肉刺痛、呼吸急促、低血压等。有的甚至出现胃肠活动紊乱、肺水肿，在痉挛、抽搐中，毒性发作而死亡。

（二）蜇伤的处理

被蝎子蜇伤后，不要麻痹大意，不管反应严重与否都应及时进行处理。首先要准确地找到被蜇伤的部位，若蜇伤在四肢，应立即在伤口上部（近心端）3～4 厘米处，用止血带或布带、绳子扎紧（每隔 10～15 分钟放松 1～2 分钟），然后拔出蜇入的尾刺，挤出或吸出毒液（确认口腔黏膜无破损），然后根据蜇伤中毒程度，采用以下方法治疗。

（1）用风油精或清凉油（万金油）涂抹蜇伤处，可使症状缓解，减轻痛苦。

（2）用 3% 氨水、0.02% 高锰酸钾溶液、5%～10% 小苏打溶液或冷的浓肥皂水、洗衣粉水等，清洗蜇伤处。

（3）将被蜇伤的手浸入冰水中或贴附在冰块上，用冰镇止疼。或者在伤口周围用冰敷或冷水敷，以减少毒素的吸收和扩散。

（4）采用食盐疗法，用食盐饱和溶液滴到伤处，尤其用饱和盐水 2～3 滴滴入眼中，刺激结膜，对蝎子蜇伤治疗有特效。

（5）将鲜活的蜗牛捣成肉泥，涂于患部。

（6）在蝎子蜇伤处皮下注射 3% 吐根碱 1 毫升，或 1:1 000 麻黄素溶液 0.5 毫升，可止疼并防止毒素扩散，消除症状。

（7）用 0.25% 普鲁卡因溶液进行局部封闭，可以止疼，缓解症状。

（8）对出现全身症状者，可静脉注射 10% 葡萄糖酸钙 10 毫升；肌内注射阿托品 1～2 毫升；静脉注射可的松 100 毫克（加入 20 毫升 5% 葡萄糖溶液中），同时注射抗组织胺药物，以防止低血压、肺水肿等。严重者应马上送医院急救处理。

（9）蝎毒浸出液治疗法。用蝎毒浸出液治疗蝎子蜇伤、蜂类蜇伤以及蚊叮毒虫咬伤等有较好的效果。配制方法为：将东亚钳蝎 25 克放入 100 毫升（85%）乙醇中，密闭封存，浸泡 7～10 天就可使用。使用时，用浸出液涂抹蜇伤处，涂抹后当即疼痛减轻，约经 1 小时后疼感消失。

（10）中药治疗：

①用蒲公英的白色乳汁外敷伤口，疼痛很快减轻。

②将中药附子捣碎，加入醋调成汁涂敷伤口，很快

可以止痛。

③用市售的万用锭、二味拔毒散等中成药敷涂在伤口处有很好的疗效。

④将大青叶、薄荷叶、马齿苋、鲜芋艿、半边莲等捣烂，外敷伤口，可起到解毒、消肿、止痛作用。

⑤经药物涂敷后，一般症状会大为缓解，对于被蝎子蜇伤较重的，为加快解毒和排毒，可配合内服些中药。

汤剂一：金银花 30 克、土茯苓 15 克、半边莲 9 克、甘草 10 克、绿豆 20 克，水煎汁服汤，每日 2 次。

汤剂二：五灵脂 10 克、蒲黄 10 克、雄黄 3 克，研成粉，用醋冲服，每日 3 次。

附　录

附录1　黄粉虫饲养技术

黄粉虫，俗称面包虫，原是一种仓储害虫，属鞘翅目、拟步甲虫科、粉虫属，经选育和驯养后成为人工养殖的昆虫之一。黄粉虫的幼虫含粗蛋白质51%、粗脂肪28.5%，营养价值高，每2～3千克饲料即可生产1千克幼虫，耐粗饲、易饲养、好管理、繁殖力强、生长发育快，可喂养蝎子、林蛙、鸟类等多种经济动物，是一种十分理想的鲜活动物饵料。

【生物学特性】

1. 生活周期　黄粉虫是完全变态昆虫，一生分卵、幼虫、蛹、成虫4种变态阶段（附图1-1）。

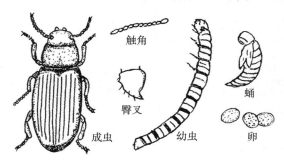

附图1-1　黄粉虫各种形态示意图

（1）**卵**　乳白色，椭圆形，长1～2毫米，直径为0.5毫米，卵外面有卵壳，比较薄，起保护作用，里面是卵黄，为白色黏状黏液。在适宜的环境（25～30℃）下，经5～7天即可孵化出幼虫。

（2）**幼虫**　刚孵出的幼虫很小，长约3毫米，乳白色，2天后开始进食。如果温度在25～30℃，饲料含水量在13%～18%，大约8天蜕去第一次皮，变为二龄幼虫，体长增至5毫米。以后大约在35天内又经过6次蜕皮，最后成为八龄老熟幼虫，这时幼虫呈黄色，体长增至25毫米（附图1-2）。

附图1-2　黄粉虫幼虫

幼虫在蜕皮过程中，每蜕皮一次体长明显增大，在适宜温度25～28℃、空气相对湿度50%～90%时，八龄幼虫约10天即变成蛹。

（3）**蛹**　幼虫长到50天后，长2～3厘米，开始化蛹。刚变成的蛹为白色半透明，体较软，长约16毫米，头大尾小，两侧呈锯齿状，有棱角，两足（薄翅）向下紧贴胸部。以后逐渐变黄、变硬，蛹常浮在饲料的表面，即使把它放在饲料底下，不久也会爬上来，蛹约7天后变为成虫即蛾。

（4）**成虫**　蛹在25℃以上经过1周蜕皮为成虫蛾。刚羽化出来的蛾子头、胸、足为淡棕色，腹部和鞘翅为乳白色，甲壳很薄，虫体稚嫩，很少活动，也不进食，十几个小时后变为黄褐色或黑褐色，有金属光泽，呈椭圆形，长约 14 毫米，宽约 6 毫米，甲壳变得又厚又硬，之后体色加深，鞘翅变硬、灵活，但不飞走，只能做短距离飞行，翅膀一方面保护身躯，另一方面还有助于爬行，到处觅食，成虫约 5 日后达到性成熟，群体自然性化为 1：1，此后即可进行交配产卵而进行第二代繁殖。

2. 生活习性　黄粉虫幼虫及成虫均喜黑暗，多潜伏于饲料表面下。杂食性，喜食各种粮食、油料和粮油加工的副产品，同时也采食多种蔬菜和树叶。耐高密度饲养，适温范围为 15～30℃，在 25～28℃生长较快，低于 10℃不食也不生长，超过 35℃虫体发热死亡。在高密度饲养时，群中温度往往会高于室温 5℃以上，所以要注意监测虫群中的实际温度，防止过热。空气相对湿度 60%～79%、饲料含水率 15% 左右群体生长良好。

3. 繁殖习性　黄粉虫具有变温动物的习性，在温室里（20～30℃）一年四季均可生长繁殖，可繁殖 4 代。自然温度一般一年 1 代，老熟幼虫能越冬，蛹子不能越冬。清明前后起蛰，5 月底 6 月初化蛹，6 月中旬羽化为蛹子，6 月底 7 月初出现幼虫，8～9 月份生长，10 月中旬冬眠。

一般成虫羽化后 4～5 天开始交配产卵。交配活动不分白天黑夜，但夜里多于白天。一次交配需几小时，一生中多次交配，多次产卵，每次产卵 6～15 粒，每只雌成虫一生可产卵 30～350 粒，多数为 150～200 粒。

卵黏于容器底部或饲料上。成虫的寿命 3～4 个月。

【培育方式】

1. 工厂化培育　这种生产方式可以大规模提供黄粉虫作为饵料。养殖在室内进行，饲养室的门窗要装上纱窗，防止敌害进入。房内安排若干排木架（或铁架），每只木（铁）架分 3～4 层，每层间隔 50 厘米，每层放置 1 个饲养槽，槽的大小与木架相适应。饲养槽可用铁皮或木板做成，一般规格为长 2 米、宽 1 米、高 20 厘米。若用木板做槽，其边框内壁要用蜡光纸裱贴，防止黄粉虫爬出。

2. 家庭培育　可用面盆、木箱、纸箱、瓦盆等容器放在阳台上或床底下养殖。

【饲养方法】

1. 饲养设备　要求容器内壁光滑，深 15 厘米以上，以免虫子外爬。理想的饲养设备是用方木盒，可选用木板钉成长 100 厘米、宽 10 厘米、高 50 厘米的长方形木盒，底部用胶合板钉紧，四周用宽胶纸贴紧，使盒子内部四壁光滑，防止虫子外爬。

另外，蛾子产卵时，可用长 80 厘米、宽 40 厘米、高 10 厘米的木板箱，底部用铁丝网 51 目（筛麦用的）钉紧，蛾子放在里面，产卵时把尾部伸出铁丝网产到产卵箱，产卵箱里可铺上一层麸皮，以免卵损坏。使用方法：将长 100 毫米、宽 50 毫米、高 10 毫米的方木盒放在底下，上面放上长 80 厘米、宽 40 厘米、高 10 厘米的铁筛子，里面放上产卵的蛾子，撒入麸皮、蔬菜叶、瓜果皮等，任其自由采食，在撒饲料时，不能超过1厘米厚，以免蛾子产卵时，尾部伸不出铁砂网。当蛾子产卵7天左右即换产卵箱，产卵箱要单独放，注意不要使卵受到挤压，以免损坏。当卵孵出幼虫时不必添加饲料，原先产卵箱的麸皮足够幼虫吃的，随着虫子的逐渐长大，根据实际情况，及时添加饲料和定期筛虫粪。

2. 饲料　黄粉虫的饲料来源广泛，麦麸、玉米面、豆饼、胡萝卜、蔬菜叶、瓜果皮等都可作饲料。一般黄粉虫配合饲料配比为：麦麸80%，玉米面10%，花生饼粉10%，各种饲料搭配适当，对黄粉虫的生长发育有利，而且节省饲料。

3. 温度　黄粉虫较耐寒，越冬老熟幼虫可耐受 –2℃低温，而低龄幼虫在0℃左右即大批死亡，2℃是它的生存界限，10℃是发育起点，8℃以上进行冬眠，25～30℃是适温范围，生长发育最快在32℃，但长期处于高温容易患病，超过32℃会死亡（以上温度均指虫体内部温度）。四龄以上幼虫，当气温在26℃时，饲料含水量在15%～18%时，虫体内部温度会高出气温10℃，即达到36℃，应及时采取降温，防止超过38℃，特别是在炎热的夏季应注意。

4. 湿度　黄粉虫耐干旱，能在含水量低于10%的饲料中生存，但在干燥的环境中，生长发育慢，虫体减轻，浪费大量饲料。理想的饲料含水量为15%，空气相对湿度为50%～80%；如饲料含水量超过18%，空气湿度超过85%，生长发育减慢，易患病，尤其是成虫。如养殖室内过于干燥，可适当撒些清水；如果湿度过大，要及时通风。

5. 光线　黄粉虫原是仓库害虫，生性怕光，好动，而且昼夜都在活动，雌性成虫在光线较暗的地方比强光下产卵多。

【饲养注意事项】

（1）卵的孵化、幼虫、蛹、蛾子要分开，不能混养，混养的缺点是不便同时投饲料，而且幼虫和蛾子在觅食时，容易吃掉蛹和卵。

（2）蛹虽然不吃不动，但应放在通风良好、干燥的地方，不能封闭和过湿，以免蛹腐烂。老熟幼虫变蛹时，要及时将蛹拣出，单独放在盒子里，以免被未变的幼虫吃掉。拣蛹时要小心，以免将蛹捏坏。

（3）同龄的幼虫要放在一起饲养，使虫子大小均匀，投食方便，如生长旺盛的幼虫需补充营养物，老熟幼虫则不需要。不同季节要有不同的管理方法，如炎热的高温天气，幼虫生长旺盛，虫体需要足够的水分，必须投蔬菜叶、瓜果皮等来补水，饲料太干，生长发育会减慢，如温度过高，要及时通风降温。冬季里虫体含水量小，必须减少青饲料。

（4）放养的密度要适宜。幼虫的密度过低，生长发育减慢；密度适当大些，生长发育加快，但不能超过3厘米厚，幼虫超过30℃时会热死，蛾子也不耐热，实践观察，气温在30℃时，即有大批热死，需要注意。

黄粉虫除留种外，无论幼虫、蛹还是成虫，均可作为活饵料和干饲料饲喂蝎子。幼虫从孵出到化蛹约3个月左右，此期内虫的个体由几毫米长到30毫米，均可直接投喂蝎子。生产过剩的可以烘干保存。

附录2　地鳖虫饲养技术

　　地鳖虫俗称土鳖虫，又名土元，属于节肢动物门、昆虫纲、蜚蠊目、鳖虫廉科、地鳖属，为一种软体外形似鳖的爬行昆虫。我国大部分地区均有分布，现在已进行人工养殖。地鳖虫除了具有药用价值外，还是养蝎的好饲料，多粉碎拌入蝎子饲料中饲喂。

【生物学特性】

　　1. 生活周期　地鳖虫因不同种类各有其特征。这里主要介绍中华地鳖虫的形态特征。中华地鳖虫是一种不完全变态昆虫，完成一个世代只经过卵、若虫和成虫3个发育阶段。

　　（1）成虫　地鳖虫雌雄异体，雄虫有翅，雌虫无翅。雌虫体呈扁平圆形，体长3～3.5厘米，体宽1.7～2.0厘米；虫体边缘较薄，背部稍有隆起，体黑色有光泽，腹面为棕褐色有光泽；头部紧缩于前胸，口器咀嚼式，大颚坚硬，触角纤细，呈丝状，易脱落；复眼发达，位于触角外侧，呈肾形，两复眼之间的上方有2个单眼；胸部由3节组成，前胸背板呈三角形，中后胸的背板较窄；腹部有横纹环9节，其中第8～9节缩于第7环节之内，9个环节呈覆瓦状排列；肛上板扁平，近似长方形，中央有一小切口；胸部 3 对足较发达，基节粗壮，位于胸部腹面，具有细毛，多刺，跗节 5 节，末端有爪 1 对；腹部末端有尾须 1 对。雄虫体色淡黑褐色，长 2.5～3.0 厘米，宽 1.0～1.5 厘米，虫体一般小于雌虫；前胸呈波状纹，腹部长有 2 对翅膀，前翅革质，后翅膜质，平时折叠藏于前翅下，腹末端有尾须 1 对，其下方有腹刺 2 个较短。

（2）**若虫**　初孵若虫乳白色，体形似盾形。随着生长发育的阶段变化，体色变为黑褐色带有光泽，体形变成椭圆形。

（3）**卵鞘**　卵鞘饱满，呈深红色，形状似豆荚，其边缘呈锯齿形缺刻，卵鞘长 1.2～1.5 厘米，宽 0.3～0.7 厘米。每块卵鞘内有排列双行的卵粒，少则 2 粒，多则 20～30 粒（附图 2-1）。

2. 生活习性　在自然环境条件下，地鳖虫喜欢栖息于粮食仓库、粮食加工厂、鸡舍、牛棚、灶间、柴草堆、磨坊等阴暗潮湿、有机质丰富、偏碱性的疏松土层中。白天潜入松土中，夜间出来活动，觅食交尾，具有明显的避光性。每天觅食时间在晚上 7～12 时，8～11 时活

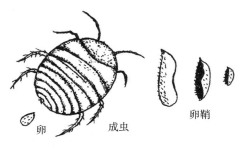

卵鞘

卵　　　成虫

附图 2-1　地鳖虫形态示意图

动达到高峰期，之后活动很少，大多回原地栖息。地鳖虫夜晚出来活动一般不单独行动，喜群居。

地鳖虫具有耐寒、耐热、耐饥和抗病性强的特点，无自卫能力，善以假死来逃避敌害。雄虫长翅后能短距离飞行。地鳖虫生命活动的最适宜温度为 15～30℃。当温度低于 10℃以下时，便潜伏土中冬眠；低于 0℃时，往往处于僵硬状态死亡。当温度高于 35℃后，摄食减少，感到不安，四处走动，生长缓慢；当温度升到 37℃以上，体内水分蒸发加大，造成脱水干萎而死亡。人工饲养时以饲养土（池土）含水量保持在 25%～30%，空气相对湿度保持在 70%～80% 为宜。

地鳖虫是杂食性昆虫，食物多样，常见的有：各种蔬菜的叶片、根、茎及花朵，豆类、瓜类等的嫩芽、果实，杂草的嫩叶和种子，米、面、麸皮、谷糠等干鲜品，家畜、家禽碎骨肉的残渣，昆虫等。食物不足时会相互残杀。

3. 繁殖习性 地鳖虫雄虫从若虫到长出翅膀，约需 8 个月；雌虫无翅，成熟需 9～11 个月。雌雄成虫性成熟后，雌虫释放出一种引诱物质诱引雄虫交尾。交尾时间一般在傍晚天暗时进行。雄虫交尾后 5～7 天即死亡。雌虫交尾后 1 周即可产卵，且一次交尾终生产卵。6～10 月份为交尾盛期。产卵从 4 月下旬至 11 月下旬，7～10 月份是盛期。产卵时，阴道副性腺分泌胶状液将卵粒黏在一起，形成卵鞘。卵鞘棕褐色，肾形或荚果形，长约 0.5 厘米，过 1～2 天卵鞘才脱落下来。饲养室温度在

25～30℃时，卵期只有40天左右；温度在25℃时，卵期在60天左右。

卵鞘孵化若虫，经过多次蜕皮至羽化前称为若虫期。若虫每蜕1次皮增加1个龄期。若虫期雌虫要蜕皮10～11次，雄虫蜕皮约8次，20～40天蜕皮1次，蜕去最后一次皮变为成虫。从成虫至衰老死亡的这段时间称为成虫期。成虫期雌虫寿命2～3年，雄虫寿命一般7～30天或略长一点。

【培育方式】

1. 缸养　适合初养者、小规模饲养，也可用于卵鞘孵化和种虫饲养。一般可选取瓦缸或水缸等，缸的内壁越光滑越好，以防地鳖虫爬出。缸口径75厘米左右，深50～75厘米。将缸放入室内，埋入地下一半，可保温。缸底铺上10厘米厚含30%水分的湿沙泥土（沙泥比例为2：1），然后在沙上铺上20厘米左右厚的饲养土（湿度为20%左右）。为了保温保湿，缸口要加盖，并要留有通气孔。在周围地面上撒些石灰或其他消毒药粉，以防鼠、蚂蚁等敌害侵入。

2. 池养　在室内用砖筑成大小不等的长方形方格池来孵化卵鞘、饲养若虫和成虫，适合于较大规模生产。建造饲养池的房子可选择地势较高、阴暗潮湿、通风的旧房舍，如废弃猪舍、牛舍等。在平整的水泥地面用砖砌成单行或两行的长方池，双行的中间间隔0.5米，池长2米、宽1米、高50～60厘米。池内可用薄水泥板或玻璃板再分成若干个小格子，按成虫和若虫的不同龄期分格饲养。饲养池的池壁内壁要用水泥或石灰抹平，使其光滑，防止地鳖虫外逃，池上面加盖留通气孔即可。饲养前在池底铺上 5 厘米左右厚的沙泥土，然后在上面再铺上湿度为 20% 的饲养土 20～25 厘米厚，即可放养各种规格的若虫和成虫。

3. 棚式饲养 选择地势较高的地面挖一个坑，坑宽 60～80 厘米，深 25～30 厘米，长视需要而定。坑四周用砖砌成矮棚，前墙高 10～15 厘米，后墙高 80 厘米左右，墙的四周有防蚁沟，墙的北面设有挡风墙或挡风帘，高 1 米左右。棚的顶部装有可以活动的玻璃或塑料薄膜天窗，棚的两侧设有通风口，棚内分成若干个坑供饲养成虫和若虫，也可孵化卵鞘。冬季夜晚，天窗上应遮草帘或棉帘，以保温；夏季的白天，需用竹帘或草帘遮盖，并将天窗打开一些，以流通空气，达到降温的目的。

4. 立体式饲养 适合大规模流水线饲养，特别是场地不足的养殖户。在房舍内选靠墙壁处修多层饲养台，其长度可根据房舍内所利用的后壁墙长度灵活掌握，高度以 2 米左右为宜，层板最好用水泥板，宽度为 50～100 厘米，池壁用砖砌，并用水泥粉刷光滑。每层高度 30 厘米，可砌成 6～8 层，每层再分若干小格，每小格前面装有能开关和通风的活动门，内底板铺上饲养土即可饲养。

【饲养用具及饲养土质】

1. 饲养用具

（1）**料盘** 用纤维板、塑料板、镀锌铁皮制作或用厚塑料薄膜代替，规格分为大（30厘米×18厘米）、中（20厘米×12厘米）、小（15厘米×8厘米）3种，分别饲养老龄若虫和成虫、中龄若虫、3～4龄幼龄若虫用。料盘四周设置0.5～1.0厘米高的围沿，防止饲料滑出，围沿设置一定坡度，方便地鳖虫出入。一般每平方米饲养面积需上述料盘4～8个。

（2）**虫筛**　为便于地鳖虫分龄分池饲养、采收及选筛窝泥、卵鞘，需常备几种规格的筛子。2目筛，收集成虫；四目筛，收集老龄若虫；3目筛，筛取卵鞘，筛下窝泥、幼虫、虫粪；12目筛，筛取一至二龄若虫；17目筛，筛取刚乳化的幼虫，筛下粉螨、细泥等。要求网口均匀、光滑，筛动时阻力小，特别对低龄若虫要细致操作，避免造成虫只伤亡。

2. 饲养土　地鳖虫喜在土中活动生息，饲养土必不可少，而且土质也非常重要。饲养土要求疏松透气，腐殖质丰富，颗粒适中，含水量适宜（15%～25%）。可采用冬季冻酥的菜园土、垃圾土、沟泥、灶脚土、树下多年落叶腐泥或沙黏混合土，同时可掺入（20%～30%）经发酵过的鸡粪、猪粪、马粪、牛粪、柴灶灰或砻糠灰等。配制好的饲养土，使用前要经过阳光暴晒或开水消毒，并过筛，去除杂质、石块、瓦砾等，喷水拌湿即可使用。饲养土含水量分别为：1～4龄18%～20%，五龄以上16%～18%，卵鞘保存和孵化18%。窝泥忌用刚施过氮肥和农药的土壤，以免引起中毒或影响地鳖虫的生长、发育和繁殖。有人建议使用蚯蚓粪，其污染少，营养成分高，物理性状和通气性能，有利于地鳖虫的生长、发育和繁殖。窝泥的厚度因虫龄和季节的不同而异。一般幼龄若虫池 6 厘米左右，中龄若虫池 6～12 厘米，老龄若虫池 12～15 厘米，成虫池 15～18 厘米较为适宜。夏天可薄些，冬天可厚些，并可加盖稻草或砻糠灰，以利于保温越冬。

【饲养方法】

1. 饲料 地鳖虫的饲料种类广泛，可分为三类：一是精饲料，主要有麦麸、米糠、菜籽饼粉、棉籽饼粉、豆腐渣等，可生喂，炒香更佳；二是青饲料，主要包括各种瓜果、蔬菜、树叶等，如甘薯、芋艿、茭白、梨、桃、柿、甘薯藤等，块根和球茎以切丝为好。要求新鲜清洁，并注意营养价值和适口性；三是动物性饲料，如鱼粉、肉骨粉及其他动物性蛋白质饲料、下脚料等。饲料科学的搭配，既要求营养丰富、全面和适口性好，又要注意降低饲料成本，选用饲料来源广和本地容易解决的饲料。一般应以糠、麸、蔬菜、瓜果类为主，适当搭配动物性饲料及矿物质。为防止疾病的发生，可在饲料中加入 1%～5% 的抗菌中草药粉或少量土霉素粉等。

2. 分级饲喂 地鳖虫非常耐饥饿。在湿润的坑泥中，1 个月不进食也不致饿死。平时也不是每天都要采食，而是隔几天觅食 1 次，分批出来觅食。所以，饲喂时要按照不同虫龄、季节与发育阶段，灵活掌握喂食方法。最好是分级饲养，即将虫龄相近、体重大小差别不大的地鳖虫放养在一起，这样不但可以满足不同虫龄的地鳖虫的营养需要，防止或减少大小地鳖虫之间的互相残杀，而且便于虫体的管理和采收。

一般将地鳖虫分为 4 种级别进行饲养管理，即幼龄若虫、中龄若虫、老龄若虫和成虫。但是区别虫龄比较困难，一般可以根据虫体大小和形状来分级，如芝麻形，孵后 1～2 个月；黄豆形，发育 3～4 个月；蚕豆形，发育 5～6 个月；拇指形，成虫。

（1）幼龄若虫饲养 幼龄若虫期指 1～3 龄若虫，为 2 个月左右。此时的虫体大小形似芝麻，刚孵出时色白，蜕过 2 次皮后呈浅黄褐色。幼龄若虫体小，活动、觅食、消化能力弱，多在饲养土表层觅食，宜以精饲料为主。喂时将饲料撒于表层干土，边缘多撒些，撒后用手指伸入土中约 2 厘米耙土，将饲料掺入土表层。饲养土要求细、肥、疏松，同时注意避光遮阳和保温保湿。

（2）中龄若虫饲养 指 4～7 龄若虫，生长 3 个月左右。经 2 次蜕皮后变成形似绿豆大小的若虫，经过 3 个月左右则变成形似黄豆大小。中龄若虫明显长大，活动能力逐渐增强，食量和抗逆能力逐渐增加，栖息在表层 3 厘米左右的地方，有时可下深至 6 厘米左右，由土表层中觅食到开始出土觅食。此期饲料种类宜丰富多样，蛋白质含量不低于 15%，并适当多增加一些青饲料。将饲料放在饲料或浅盘上，喂后饲料板或盘应及时清洗、晒干，保持清洁。中龄以上若虫都是出土觅食，可在饲养土表层覆盖一层 3 厘米厚的稻壳或锯末，这样虫体出土后身上无泥，能避免饲料污染浪费。

（3）**老龄若虫饲养**　指8～11龄的若虫，从黄豆大小的中龄若虫经过3～5个月的饲养可长到蚕豆大小。其饲养方法基本同中龄若虫，但由于此后若虫将变为成虫开始繁殖，因此，需适当增加饲料中精饲料和动物性饲料的比例，蛋白质含量不低于17%。由于虫量大，排泄物多，高温高湿季节容易发霉而发生病害，应在每次蜕皮刮除表层虫粪污物，更换新土。

当老龄若虫进入九龄时，雄虫逐趋成熟，继续饲养将会长出翅膀，失去药用功能，而且浪费饲料，此时就要去雄留种。人工饲养时一般有15%的活泼健壮雄虫即能满足交配的需要，多余的雄虫可进行挑出加工处理。雌雄若虫的主要区别在于胸部第二、三背板的形状及外沿后角的倾斜度。雌若虫第二、三背板的斜角小，而雄若虫的斜角大。另外，在爬行姿势上，雄若虫爬行时虫体稍抬起，而雌若虫则伏地爬行。

（4）**成虫的饲养**　老龄若虫完成最后一次蜕皮后，就变成了具有繁殖能力的成虫了。这时，除留种产卵外的雌虫，一般在产卵盛期过后，均应淘汰采收作为药用。

成虫由于繁殖的需要，所消耗的各种营养物质较多，因此，饲料要以精饲料为主、青饲料为辅，蛋白质含量保持在20%～25%，并适当增加骨粉、鱼肝油的比例。因为卵鞘发育需要较多的水分，除饲养土较湿外，还应补给多汁饲料和放置水盘，防止种虫因缺水造成食卵。为提高养殖效果，饲料饮水中可添加多种维生素、微量元素及助消化药物。

3. 饲喂次数及喂量　低温季节每 2 天喂 1 次，高温季节宜每天喂 1～2 次。喂食后要注意观察食料余缺，掌握精饲料吃完、青饲料有余的原则。一般晨喂青饲料，晚喂精饲料。饲喂量每次 1 万只幼龄若虫喂精饲料 500 克；中龄若虫精饲料 4 000～5 000 克，青饲料 5 000～6 000 克；老龄若虫精饲料 5 000～8 000 克，青饲料 4 000～5 000 克。

【管理方法】

1. 种虫选育

（1）种虫来源　小规模饲养地鳖虫可捕捉野生虫作为种源。根据地鳖虫的生活习性，在地鳖虫聚居或经常出没处搜寻，发现后立即捕捉，同时注意土层中有无卵鞘存在，若有则筛取出，带回孵化。也可用罐头瓶等大口容器诱捕，内放炒香的糠麸饼屑作诱饵，罐口与地面平齐，掩以麦秸或稻草，可将夜出觅食的地鳖虫诱入而无法逃出，第二日即可捕获作种。

大规模饲养应就近购买种虫或卵鞘。种虫宜选择即将成熟的若虫，在同一批虫中挑选健壮、活泼、体形大、光泽好的个体作种，注意雌雄搭配，宜在较晚批次中挑选将成熟的雄虫，以使雌雄性成熟时间一致。卵鞘宜选择有光泽、饱满的新鲜卵鞘，纵捏卵鞘可从锯齿侧看到长椭圆形丰满光亮的卵粒。卵鞘干瘪、卵粒暗黄有皱纹者为劣质卵鞘，不宜作种。

（2）种虫选育　优良的种虫应当生长快、适应性强、产卵率高、虫壳厚硬、耐高密度饲养、易管理。可在每批若虫成熟前加以选择，在同等饲养条件下挑选生长最好的单元，并在其中选择最为壮硕的雌雄个体留种，挑选壮年种虫所产卵鞘来孵化下一代种虫，这样每代坚持选优，能够使种质量不断提高。

2. 繁殖孵化 地鳖虫成虫夏秋繁殖，一般于 6～9 月交配，1 只雄虫可交配 5～7 只雌虫，雌虫交配 1 次即可终生产出受精卵。由于雌雄若虫的性成熟期相差较大，可采用不同批次孵出的雌雄成虫交配，适宜的雌雄比例为 5∶1。要留意观察各批次雌虫成熟时雄虫情况，防止失雄而造成生产大量未受精的无效卵鞘。发现缺雄应及时引雄补充，还可异地（场）引雄，定期交换种源，防止近交退化。多余雄虫宜在成熟前采收，以免长翅后失去药用价值。选择操作方便的器具饲养雌虫，产卵期间每隔 1 周取表层 3 厘米以内的饲养土过筛，取出卵鞘，移入孵化器孵化或装入陶瓷容器保存以备孵化，但不宜保存过久。产卵盛期过后，宜将多余雌虫分批采收。采用专用的孵化池或盆、锅孵化卵鞘，适宜的孵化温度为 30～35℃，孵化土要求湿润透气，含水量为 15%～20%，以手捏成团易散为宜。孵化土与卵鞘均匀混合，保证每个卵鞘都沾有泥土，每隔几日重新拌和 1 次，以使温湿均匀，避免缺氧，约需 40 日即可孵出幼虫。若温度略低，将会延长孵化期。

3. 温湿度调节 地鳖虫属变温动物，它的生长发育和繁殖等生命活动受外界环境，特别是温湿度的影响较大。一般室内温度要保持在 15～35℃，以 30℃左右为宜。夏季 7～9 月是虫子生长繁殖的黄金季节，也往往是最为炎热和潮湿的季节，高密度饲养，器具内部容易出现高温高湿，应注意通风换气、降温排湿，控温在 35℃以内。同时注意饲养土的湿度变化，及时喷水调节，保证饮水和青绿饲料的供应。冬春低温时要做好保温取暖工作，可利用地温保温，在饲养池、缸周围堆填麦秸、稻草等保暖物，饲养土层上覆盖一层麦糠稻壳；也可移至室内越冬，特别是幼虫和卵鞘更要注意保暖。保证饲养土最低温度在 0℃以上。在保温取暖条件好的室内或塑料棚内加温饲养时，可消除冬眠，实现全年饲养，能够大幅度地缩短生长周期，提高生产效率。理想的温湿条件为温度 30℃、空气相对湿度 75% 左右，通常用土暖气、火炉结合或利用太阳能加温。

4. 饲养密度 地鳖虫喜群居，较耐高密度饲养，但密度过大，会对生长繁殖造成不利影响，所以在饲养过程中必须保持合理的密度。以下参数可供参考：幼龄若虫 10 万～20 万只 / 米^2，中龄若虫 2 万～4 万只 / 米^2，老龄若虫 1 万～2 万只 / 米^2，成年种虫 0.5 万～1 万只 / 米^2。正常情况下不宜过筛、翻窝、换土，以免虫受惊，影响生长发育。随着虫体长大，应及时分池，以防密度过高。应按虫龄分群，不同虫龄不宜混养，以防大虫残食小虫。在越冬期，可加大密度，达到虫体相挨的程度，以利保温取暖。

【采收与加工】

1. 采收 雄若虫在最后一次蜕皮前留够种虫，多余的部分即行采收。雌成虫在产卵盛期过后，除留种足外分批采收，一般分为两批：第一批在 8 月中旬前，采收已超过产卵盛期尚未衰老的成虫；第二批在 8 月中旬至越冬前，凡是前 2 年开始产卵的雌成虫，可按产卵先后依次采收。饲养规模较大或全年加温饲养的，在不影响种用的情况下，只要能保证虫壳坚硬，随时都可采收。不论何时采收，均应避开蜕皮、交尾、产卵高峰期，以免影响卵繁殖。采收的方法是用 2 目筛子，连同饲养土一起过筛，筛去泥土，拣出杂物，留下虫体。

2. 加工 地鳖虫的加工方法常用的有晒干和烘干两种，其方法是：首先将虫中的杂物去尽，饿虫 1 昼夜，使其排尽粪便。随后用冷水洗净虫体污泥，再倒入开水烫泡 3～5 分钟，烫透后捞出用清水漂洗。最后置于阳光下暴晒，达到干而有光泽、完整不破碎。如遇阴天，可用锅烘烤，有条件的可用烘箱或其他烘干设备。温度控制在 35～50℃，待虫体干燥后即可。干燥后的虫体可用纸箱、木箱或其他硬质容器盛装备用。一般磨粉，拌入混合饲料投喂蝎子。

附录 3 黑粉虫饲养技术

黑粉虫，又称伪步行虫、大黑粉虫，属鞘翅目、拟步行科昆虫。全身颜色呈黑褐色，主要危害潮湿粮食、油料、谷粉、羽毛、干鱼、干肉等，并能食虫尸、鼠粪等。据有关分析，黑粉虫的氨基酸和微量元素的含量较为全面，特别是胱氨酸的含量是黄粉虫的 15.6 倍，这是其他饲料所不能比的，而胱氨酸是蝎子蜕皮所不可缺少的营养物质。

【生物学特性】

1. 生活周期   黑粉虫为恒温动物，一生分卵、幼虫、蛹、成虫 4 个时期。

（1）**卵**   黑粉虫的卵很小，长约 0.1 厘米，其表面常沾一层虫粪或饲料碎屑，在适宜温度下 7～15 天孵化为幼虫。

（2）**幼虫**   初期为土黄色，后期为黑褐色，圆筒状，幼虫体长为 2.5～3.5 厘米，每千克约有 4 500 条。幼虫期较长，需 180 天左右（附图 3-1）。

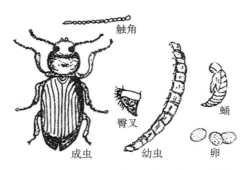

附图 3-1   黑粉虫各种形态示意图

（3）**蛹**   在适宜温度下 7 天羽化为成虫。蛹的生存温度为 0～35℃，适宜温度为 25～30℃，35℃以上时应降温。

（4）**成虫**   黑粉虫的成虫体形稍大于黄粉虫。羽化的成虫乳白色，头部为橘红色，以后变为暗黑色，鞘翅上无金属光泽。触角末节长度小于宽度，第 3 节长度大于或等于第 1～2 两节之和，其他形态与黄粉虫相同。成虫期为 90 天左右。

2. 生活习性　黑粉虫不耐干燥，适宜空气相对湿度为 60%～70%。野生黑粉虫的幼虫和成虫白天大多隐藏在室内外的垃圾或粪堆里，只有夜间才爬到表面觅食。黑粉虫的成虫虽然不善飞翔，但爬行迅速，一旦遇有动静就会马上钻到物体的深处。

3. 繁殖习性　黑粉虫在每年的 4 月下旬至 9 月上旬，平均温度为 25℃时才能正常觅食繁殖，发育繁殖周期需要 200 天以上。幼虫大约需要 90 多天 14 次蜕皮才能化蛹，蛹经 15 天左右羽化成成虫。羽化后的成虫，4～5 天开始交配产卵，交配活动不分昼夜，一次交配需数小时，一生中多次交配，多次产卵。每只雌虫一次可产卵 6～15 粒，一生可产卵 30～350 粒。在适宜温湿度条件下，卵经过 15 天孵化成幼虫。成虫期为 90 天，幼虫期较长，约 180 天。

4. 食性　黑粉虫属于杂食性昆虫，喜食各种潮湿的粮食、粮油加工的副产品以及各种枯枝落叶，但最爱豆科植物的叶、桑叶、梧桐叶，另外也取食各种死亡腐烂的虫体。

【培育方式】

1. 野生黑粉虫的采集　一般在每年的 5～8 月份采集。黑粉虫遗传性不够稳定，饲养 2 年以上有退化现象。

因此，选种时要挑拣一些颜色较黑、活泼健壮的个体作种虫。

2. 饲养设备　人工养殖黑粉虫多根据虫体的阶段，采取饲养箱式养殖。

（1）幼虫饲养箱　木箱长 60 厘米、宽 40 厘米、高 13 厘米。先放入 3～5 倍于虫重的混合饲料，再将幼虫放入，最后盖以各种菜叶、树叶。待饲料吃光后将虫粪筛出，再放入新的饲料。蛹用幼虫饲养箱撒以麦麸（2 厘米厚），盖上适量菜叶，将蛹放入待羽化。蛹期较短，温度在 10～0℃时，15～20 天可羽化为成虫；25～30℃时，6～8 天即可羽化成成虫。蛹要放在通风保温的环境中，不能过湿，以免蛹发生腐烂。

（2）成虫饲养箱　成虫产卵箱的规格与幼虫箱相同，只是箱底镶以铁丝网，网目大小以成虫不能钻过为度。箱的内侧四边镶以白铁皮或玻璃，以防止成虫逃跑。在铁丝网下垫一张纸或一块木板，再撒 1 厘米厚的混合饲料，盖一层菜叶保湿，最后将孵化的成虫放入，准备产卵。每隔 7 天将产卵箱底下的板或纸连同麦麸一起抽出，放入幼虫箱内待孵化。

【饲养管理】

1. 饲料　黑粉虫对各种食物的利用率有所差异，在人工养殖时，主要以玉米和土面粉为主，且消化率较高，占 70% 以上；而对含粗纤维较多的麦麸、花生饼则消化率很低，占 30% 左右。一般饲料配方为：麦麸 70%、玉米面 15%，饼类 15%。注意黑粉虫的增长效率并不与消化率成正比，其高低主要取决于食物中蛋白质的含量。为了使黑粉虫增长率提高且成本低廉，一般喂以混合饲料最为理想。另外，黑粉虫不耐干燥，应投喂 10～20 厘米厚的青菜叶、桑叶、槐叶、梧桐叶或瓜果皮等，以补充水分。

2. 温度要求　黑粉虫在每年的 4 月下旬至 9 月上旬，平均温度 25℃时才能正常觅食繁殖，发育繁殖周期需要 200 天以上。黑粉虫为恒温动物，虫体温度比外界高 10℃，因此，黑粉虫的最适宜室温为 20～26℃，过高容易死亡，过低生长缓慢。

3. 湿度要求　在人工恒温养殖时，控制好湿度最为关键，湿度的高低直接影响黑粉虫的繁殖速度和数量。黑粉虫不耐干燥，对湿度的要求比较严格，适宜的空气相对湿度为 60%～75%。

4. 成虫饲养管理　羽化后的成虫 4～5 天开始交配产卵。在体色变成黑褐色后，就要迁到产卵箱中饲养。产卵箱可套入孵化箱及生长箱。在产卵箱内撒一层饲料，厚约 1 厘米，再放一层鲜菜叶，成虫则分散隐藏在叶片底下、饲料与纱网之间的底部，伸出产卵器，穿过网孔，将卵产到网下的饲料中。人工饲养就是利用其向下产卵的习性，用网将之与卵隔开，杜绝成虫食卵。因此，网上的饲料不可太厚，否则成虫会将卵产到其中。投放的菜叶主要是提供水分和增加维生素，也有利于保持湿度。但要注意随吃随放，不可过量，以免湿度过大，菜叶腐烂变质。

当在孵化期的饲料基本吃完以后，要将虫粪筛出。筛后虫子放回原箱饲养，再添加虫量2～3倍的饲料，也可少加，天天加，每隔3～5天清除1次粪便。夏季高温时，注意通风降温；其他季节温度低时室内应增设加温设备。

附录4　洋虫饲养技术

洋虫，别名九龙虫。属昆虫纲、鞘翅目、拟步甲科。研究表明，洋虫含有多种营养成分，特别是蛋白质、氨基酸含量丰富，是喂养蝎子的高蛋白活体饲料。

【生物学特性】

1. 形态特征　洋虫体形很小，体长仅0.6厘米左右，长椭圆形。身体黑褐色，鞘翅有光泽，有小黑点。其上唇、触角、足及腹面为棕褐色，复眼大而突出，前胸、背板宽大，小盾片三角形、红棕色。前足、中足的跗节为5节，后足跗节为4节，足侧扁。跗节和胫节腹面着生黄色毛，有1对棕色小爪。卵长圆形，浅乳白色，长约0.08厘米。幼虫长圆筒形、黄色，各节前半段较深，后半段稍浅，口器为黑褐色，腹末腹面有1对伪足状突起。蛹淡褐色，复眼黑褐色。雄虫后面末节有1对乳状突起（附图4-1）。

2. 生活习性　洋虫生活周期短，由卵孵化为幼虫，经蛹再羽化为成虫。成虫寿命约3个月，温度在25～30℃时仅需40天。洋虫既怕热又怕冷，生长发育

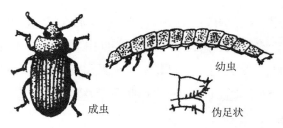

成虫 幼虫 伪足状

附图 4-1 洋虫

期间高于 40℃就会死亡, 幼虫在 10℃以下, 成虫在 5℃以下均不能长期生存。洋虫喜食带甜味的食物。

3. 繁殖习性 洋虫的繁殖力较强, 一年可繁殖数次, 卵期短, 为 3～4 天; 幼虫期稍长, 为 25～30 天; 蛹期 4～7 天, 完成 1 代需要 40～45 天, 其寿命为 100～130 天; 成虫羽化后 10 天即可交配, 雌虫每次产卵 150～180 粒。

【饲养方法】

1. 温湿度要求 洋虫畏寒, 对温度的要求很严, 其生长发育的最适宜温度是 22～34 ℃, 幼虫、成虫在 10℃以下即不能活动和取食, 再降低则会逐渐死亡。炎夏时, 若气温高达 40℃以上, 也会死亡。

洋虫对湿度的要求也较高, 饲料中的含水量应在 15%～18%, 摄入水分过少, 生长发育就会缓慢; 水分过多, 又容易患上白僵病等, 必须控制好湿度。

2. 饲养设备 一般用木箱饲养, 箱高 10 厘米、宽 30 厘米、长 50 厘米。箱底放置铁钉丝网, 网孔 2～3 毫米, 箱内壁上缘镶铁皮或玻璃, 防虫逃跑。

3. 饲料 洋虫各阶段虫放在一起混养或分开饲养均

可，但分开饲养更有利于管理和增加繁殖系数。如果分开饲养，最好成虫和幼虫选择不同饲料饲养。成虫饲料可用玉米、大米（最好经膨化加工）、花生等块状或粒状饲料；幼虫尤其是低龄幼虫，宜吃碎屑状或粉状饲料，可用谷类磨成粉，并加入5%酵母粉，以促进幼虫生长发育。幼虫饲料配方为：玉米面40%，麦粉40%，花生饼粉10%，麦麸10%；其他如复合维生素B0.1%，维生素C0.05%，土霉素0.03%。此外，还可加花生米、熟甘薯片和饼干等。

4. 饲喂方法　洋虫成虫投放数量要适当控制，不宜过多。饲养时先在箱底铺一张纸，让成虫产卵产在纸上。每日要投入1～2次饲料。洋虫卵期短，约为5天。所以每隔5～7天要筛卵1次。筛卵时首先要将箱中的饲料和碎屑筛掉，避免箱内留有卵或虫。然后将卵纸一起移到孵化箱中进行孵化。孵化箱与成虫产卵箱规格相同，但底是木板。一个孵化箱可孵化2～3个产卵箱的卵，但需分层堆放，层间要用木条隔开，以透气。在干燥季节，卵上要盖上一层菜叶，卵在孵化箱5天之内即可全部孵化出幼虫。然后将卵纸等全部抽出，幼虫在孵化箱中继续饲养。幼虫生长发育早期（1～2龄）可不加饲料，但需要放菜叶，随着幼虫逐渐长大，逐步添加饲料。

洋虫的幼虫没有食蛹的习性，所以老熟幼虫开始化蛹时不必捡蛹。待蛹羽化为成虫后，上面可盖一张纸，让成虫爬到纸上，然后将纸片一起移到成虫产卵箱中饲养产卵。

附录 5　鼠妇饲养技术

鼠妇又称潮虫、西瓜虫等，属于甲壳纲、等足目、平甲科。鼠妇的种类较多，身体大多呈长卵形，为甲壳动物中唯一完全适应于陆地生活的动物，从海边一直到海拔 5 000 米左右的高原都有其分布。通过对鼠妇营养成分的化验分析表明，其蛋白质和氨基酸含量均较低，唯有胱氨酸含量较高。因此单用鼠妇喂蝎子，蝎子不能正常发育。但与其他饲料配合使用，则可加速蝎子的生长发育。

【生物学特性】

1. 形态特征　鼠妇成虫体态呈长椭圆形，稍扁，长约 10 毫米；表面灰色，有光泽，背腹扁行，背部呈显著弓形。头前缘中央及左右角没有显著的突起，眼 1 对，触角 2 对，第一对触角微小，共 3 节；第二对触角呈鞭状，共 6 节。胸节 7 个，腹节 5 个，胸肢 7 对，较长大，其长度超出腕节与前节之和。腹肢 5 对，尾肢扁平，外肢与尾节嵌合齐平，内肢细小，被尾掩盖。雄性第一腹肢如鳃盖状，内肢较细长，末端弯曲呈微钩状。雌雄成体背面表面的颜色不固定，有时呈灰色或暗褐色，有时局部带黄色，并且有光亮的斑点（附图 5-1）。

2. 生活习性　鼠妇喜欢群居，爬行十分敏捷，攀爬能力很强，视觉不甚发达，害怕强光刺激，常生活在阴暗潮湿的环境，多栖息于朽木、腐叶、石块等下面及坑

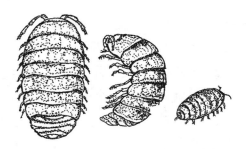

附图 5-1　鼠妇成虫示意图

（池）表层或坑壁四周，有时也会出现在房屋（茅草屋）、庭院内。在 20～25℃鼠妇生活较为正常，若室内外温度在 25℃左右，在房前屋后的石块、砖块、墙角、瓦砾下面及盆里、坛内均可以找到；温度低于 25℃，需要选择温暖的花窖、庭院的下水道旁边进行采集，也可在平房条件的厨房地砖下面进行收集。

与黄粉虫一样，鼠妇属于杂食性动物，食物包括：各种粮食、粮油加工厂的剩余副产品、杂草、枯枝烂叶、各种薯类的块根、块茎，以及腐烂变质的食物、动物、昆虫的尸体等，无所不食。

3. 繁殖习性　鼠妇为卵生，孵出后不再变态。每年清明前后，气温暖和时便起蛰；11月中旬以后开始冬眠；每年春季开始繁殖。卵产于其步足之间，孵化后的幼虫仍在雌虫的步足之间，到能独立生活后离开母体，分散活动。生产发育适宜的温度为 25～28℃，适宜的空气相对湿度为 95% 左右。因此在人工饲养条件下，要特别注意温湿度，稍有不慎即可造成大批死亡。

【饲养方法】

1. 采集 为了采集方便，可将细叶结缕草连根铲起或者用稻草倒盖在墙边的草坪上，可盖2～3层，开始几天不要浇水，等草干了之后，3天左右浇少量的水，只要保护相对潮湿就可以。1个月左右开始采集，则可得到个体较大、数量较多的鼠妇。而且，采集过程非常方便，只要将草皮拿走就是。在鼠妇的收集过程中，必须小心操作，收集后，容器内应带一些湿土和注意通风。湿土最好富含有机质，颜色以黑色最佳，同时可放几片烂树叶或一些植物的小根，采集时也可以在阴暗角落的地上挖一个坑，放入一个塑料杯，杯口与地面齐平，在杯中放入少许水果，一夜即可诱集大量鼠妇。

2. 饲养 饲养鼠妇可在缸、盆内或在室外砌窝进行。在容器内放一些经过筛选后的松软的土壤，土壤以富含有机质为好，特别是黑色的土壤则效果更佳，同时可放一些烂树叶。保持栖居环境适当的湿度，可经常向土壤中喷洒少量的清水，注意不要过量，否则形成泥块或泥浆，会使鼠妇的活动受阻，甚至造成死亡。一般用手抓起一把泥土用力捏，没有水从指缝流出，松开手，轻轻一碰，泥土即散，表明土壤的湿度适中。每3天换1次土，最长不要超过1周，换土也不要全部换，可换一半留一半。

虽然鼠妇喜欢群居，往往一群有几十个、几百个，但在人工饲养时密度不宜过大，一般一个1000毫升的烧杯可饲养25～30只鼠妇，密度过大易使带卵或带幼子的母体受到干扰，过早地将卵或幼子甩掉，造成流产，甚至死亡。容器上可用黑布遮光，保证有充足的空气，同时用橡皮圈套住黑布，防止鼠妇逃跑。鼠妇害怕光线，在晚上开灯，也能起到防逃效果。

饲料最好采用混合饲料，并适量投喂些青菜、薯类块根。

附录6　蚯蚓饲养技术

蚯蚓又名地龙，俗称曲蟮，属环节动物门、寡毛纲。目前人工养殖的主要品种有参环毛蚓、背暗唇蚓、赤子爱胜蚓等。无论是鲜蚯蚓还是干蚯蚓，均含有丰富的蛋白质、二十多种氨基酸和多种微量元素、维生素，是蝎子最喜食的活体食物之一，也是目前为止养殖界公认的富含营养的高蛋白动物性饲料。

【生物学特性】

1. 形态特征　蚯蚓体圆而长，由许多相似的体节组成，节与节之间有一深沟，称节间沟，在体节上又有较浅而细的沟，称体环。蚯蚓身体无骨骼，外被薄且有色素的几丁质层，除前节外，其余体节均有刚毛。蚯蚓的形态为细长圆柱形，头尾稍尖，长短粗细随种类不同而变化很大（附图6-1）。赤子爱胜蚓商品名北星2号、太平2号，其特征为体长35～130毫米，体宽3～5毫米，体节80～110个，身体圆柱形，体色一般为紫色、红色、暗红色或淡红褐色，背部色素较少，节间有黄褐色交替

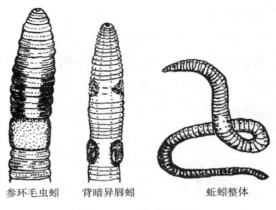

参环毛虫蚓　　背暗异唇蚓　　　　蚯蚓整体

附图 6-1　蚯蚓外形

带。蚯蚓属于雌雄同体，但大多是异体受精。

2. 生活习性　蚯蚓属腐食性动物，怕光（尤其怕蓝色光）、怕震动、怕高温严寒，喜欢栖息在温暖、潮湿、通气、富含大量有机质的表层土壤里，难以在一般耕地、红壤中见到。正常活动的温度为 5～35℃，生长适宜温度为 18～25℃，蚓床基料适宜含水量为 30%～50%（用手轻捏粪料指缝间有水滴流出，则其含水量为 40% 左右），适宜的 pH 值为 6～8。

3. 繁殖习性　蚯蚓属雌雄同体，但须异体交配才能繁殖，性成熟的蚯蚓（即出现生育环）在交配 1 周后各自产卵，但产卵频率与湿度、温度等有很大关系。当温度为 18～25℃，基料湿度为 30%～50%，通风条件好时，一般 3～5 天就产卵 1 粒；当温度高于 35℃ 或低于 13℃ 时，产卵数量明显减少。卵孵化适宜温度为 18～25℃，此时孵化时间短，20 天左右，孵化率高。每个卵内一般含幼蚓2～4条，少的1条，多的5～6条，刚孵出的幼蚓细白如线，经40～50天的饲养生长达到性成熟。蚯蚓繁殖的高峰期8个月左右，1～1.5年后开始衰老死亡。

【培育方式】

1. 室外饲养

（1）田间饲养　在春天选择能常年青绿的菜地、玉米地、桑园地和果园等，在行距间开沟（深30厘米，宽25厘米），长度灵活掌握，投入饵料，放入种蚓饲养。这样，以作物为棚，可防雨、防晒；作物的落叶、腐根可供蚯蚓食用；蚯蚓又为作物疏松了土壤，提供了肥料，实现蚯蚓、作物双丰收。为防蚯蚓逃跑，可将作物地分为2米宽的畦子，畦四周开挖蓄、排水两用沟，平时蓄水，下雨时又能排放畦内积水。此法既不需另外划定饲养地，又有利于作物生长，效果显著，易于推广，操作简便。

（2）边角地饲养　利用场边、岸边、路边、房前屋后等边角地挖筑成长方形、深0.6米的坑池，内壁围一圈塑料薄膜，防止蚯蚓逃逸。坑内填28～30厘米厚的土，然后放置饵料，放入种蚯蚓饲养。夏季上面搭棚或加盖，也可种上向日葵或丝瓜成棚，要适时喷水降温、保湿和补充饵料。

（3）塑料棚（或土温床）饲养　用金属棚架和塑料薄膜搭成大型窝棚养殖蚯蚓。棚内建造通风和暖气设备，可常年饲养。棚内地面还能种植聚合草、甘薯、蚕豆等。

这种方法适于大规模饲养和工厂化养殖。

（4）**粪土饲养**　将肥土和粪草按 1∶1 的比例均匀混合，堆放在水泥或三合土地面上（堆长 3～10 米，宽 1～1.5 米，高 0.5 米），经发酵、翻粪降温后，放入种蚯蚓（每立方米 500～2 000 条）。上面搭覆盖物遮光或在树荫、葡萄架、瓜篓架下设堆。

（5）**栏池饲养**　用红砖砌成长 50 厘米、宽 50 厘米、高 15 厘米的池，填土加饵料。池周围插上一圈篱笆成锥形，池内外壁不抹水泥或石灰，以保持通气。池底可用水泥地板，也可用土地面，但要打实铲平。每个池的四角底部留一个小口，以排出过多的水分，洞口要用塑料网或铁丝网盖住，以防蚯蚓外逃或敌害动物入内危害蚯蚓。如果投入的蚯蚓量不大，可将池分隔成若干个小池，这样不但便于饲养管理，而且还可以提高单位面积的产量。

室内建池饲养可以选择旧猪房、鸡舍，保持阴暗和潮湿，光线不宜过强，但要通风良好。

2. 室内饲养

（1）**缸、盆饲养**　先清洗容器，然后放浸湿草料（约占容器深 1/5），再投放蚯蚓，加盖果皮、菜叶等（约占容器深 1/5），覆盖草料（约占容器深 2/5），封盖肥土。一般深 60 厘米、直径 40 厘米的容器可放蚓 80～100 条，适于家庭少量饲养。

（2）**槽式饲养**　在室内地面中间留走道，两侧用水泥筑成弯月形地面，并挖排水沟，在水泥地面上建立养殖槽。一般槽长 6 米、宽 1.5 米、深 0.4 米，槽内放入饵料，进行平养。

（3）**箱筐饲养**　这是最常用的饲养方法之一。箱筐的制作材料选木、竹、荆条、藤条、塑料等。饲养箱的规格（长×宽×高）有下列几种：60 厘米×30 厘米×20 厘米；60 厘米×40 厘米×20 厘米；60 厘米×50 厘米×20 厘米；60 厘米×50 厘米×25 厘米。每个箱筐的底部和侧面要有排水和通气小孔，孔的大小以直径 0.7～1.2 厘米为好，这样既可通气排水，蚯蚓又不会逃走。整个箱的小孔面积可占箱底或箱侧面积的 20%～30%。两侧还要有对称的拉手把柄，便于手提操作。箱内饲料的堆放高度约为 16 厘米，装料过多，易使箱内通气不良；装料过少，饲料易于干燥，影响蚯蚓的生长繁殖。每箱蚯蚓的投入量为 5 000～10 000 条（附图 6-2）。

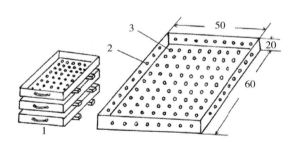

附图 6-2　蚯蚓养殖箱示意图（单位：厘米）
1. 养殖箱　2. 侧排气孔　3. 底排气孔

（4）**多层饲养**　饲养规模较大时，在饲养室靠近墙两侧安制铁架或木架、水泥架等养殖床，两侧床架之间留走道，一般床架宽1米、高2.5米。可将箱层叠起放置在床架上。每层高0.5米，饲养箱高0.3米，成为立体箱式饲养，但不能叠得太高，一般以4～5层为宜。立体养殖时，为通气良好，箱堆间留5厘米的缝隙。

这种饲养方法占地面积小，使用人力少，管理方便，生产效率也较高。但是，木制、竹制的箱筐容易受潮腐烂，故有条件的地方最好用塑料来制作，这样不但耐用而且规格一致，还利于提高饲养效果。

【饲养方法】

1. 基料选择 蚯蚓饵料资源丰富，凡无毒的天然有机质经发酵腐熟后，均可作为饵料，如造纸厂、酿酒厂、糖果食品厂、木材厂和肉类加工厂的废渣、污泥、木屑，各种畜禽粪便，废弃的瓜、菜、果皮，居民点的厨余垃圾等。最理想的饵料是牛粪加土，其次是稻草加土。投放饵料之前，必须先将基料堆制发酵，每隔1周翻1次堆，连续翻2～3次，使土堆里的有机质充分腐化分解，最后摊开排气。腐熟的饵料为棕色或褐色，无酸臭味，手感质地软，不黏手。

2. 饲料投放 可采用料土分层投放的方法，如下层放土、上层放料，也可采用点、线结合的投放法。原则是料土相间，使蚯蚓采食后能回到肥土中栖息，以促进其生长发育。当旧饵料上层出现大量蚓粪时，就应补料。补料一般采用上投法，即除去蚓粪后，在原饵料上覆盖同样厚度的新饵料。此外，还有其他方法：下投法，即将新鲜饵料铺在养殖床上，再将清粪后的原饵料放在新

鲜饵料上面。侧投法，即在原养殖床两侧平行放置新养
殖床，诱使蚯蚓进入新床。无论采取何种方法，应根据
养殖方式和本着有利于蚯蚓生长发育、经济省工的原则，
灵活掌握。

3. 试养　无论采取何种养殖方式，选用那种饵料配
方，在正式放养种蚓之前，都须进行试养。试养时可在
养殖床内用适量配制好的饵料，放入少量种蚓。注意观
察蚓体变化情况，蚯蚓有无外逃行为，以及蚯蚓对该种
饵料的适应性。经试养成功就正式放种养殖，否则，应
采取相应的改进措施再进行试养，直到成功为止。

4. 适时分群扩繁　饲养密度过大时，不仅蚯蚓繁殖
与生长速度下降，还会引起蚯蚓的外逃和死亡。因此，
适时进行大小蚯蚓的分群饲养和扩繁是十分必要的。为
了确保丰产，最好分为种子群、繁殖群和生产群进行饲
养。分群扩繁一般与补料、除粪结合进行。扩繁面积小
时，可将一部分成蚓捉到新床内；扩繁面积大时，可将
旧床饵料连同蚯蚓分几部分放到新床池内；也可用诱蚓
法将蚯蚓引到新床内；还可将采集成蚓后所剩余大量蚓
卵的旧料放入新床孵化扩繁。

5. 越冬管理　蚯蚓越冬的关键是保温，料温保持
在 9～20℃，蚯蚓可进行冬季繁殖。室内保温可用电热、
煤、沼气、堆积畜粪发酵热等增温。冬养饵料要增加粪
料比例和饵料厚度。

6. 繁殖留种　首先要选择良种蚯蚓来繁殖，在其种
子群中进行留种。由于人工长期养殖某种蚯蚓会产生退

化现象，因此，要加强选种选配。应选择个体粗长、有光泽、食量大、活动力强而灵敏的蚯蚓，单独饲养繁殖。在有条件的地方可用杂交的方式来培育具有杂种优势的后代，并通过人工选择不断提高品质，促进生产。

【采收及利用】 当饲养床内的蚯蚓密度很大，且大部分到了性成熟阶段，体重已达到高峰期时，这是采收的最佳时期，应及时进行收取。

1. 早取法 根据蚯蚓夜行的特性，可在每晚 9 时至次日天明捕捉，尤以凌晨 3～4 时收取效果最好。

2. 光取法 用强光（太阳光或人工光源）照射饵料床面并在表面敲击几下，不用多久，蚯蚓就会钻入饵料底部聚集成团。然后逐渐分层除去粪料收取。

3. 诱取法 用有许多细孔（孔径 1～4 毫米）的容器装上蚯蚓爱吃的饵料（果蔬下脚料），将容器埋入养殖床饵料中，蚯蚓便被诱集于器内，几天后取器收取。

4. 网筛分离收取法 用一只空木箱，放上孔径不等的两层筛网（上粗下细），将含有蚯蚓的饵料放在筛网上，然后用强光和热处理，驱使蚯蚓下钻，可使大小蚯蚓和饵料分离，以便收取和分级饲养。

5. 逼驱法 将含蚯蚓的饵料堆放在养殖床中间呈条状，停止给其洒水；两侧堆放湿度适宜少量的新饵料，迫使蚯蚓向新饵料中集中，进行收取。此外，还可用水取法、药取法等。

6. 翻新采收法 对箱养的蚯蚓，可将其置于强光下片刻。蚯蚓因怕光而钻入底层，然后将腐殖土扣出，使蚯蚓暴露于外便可采收。

【应用注意事项】

（1）用蚯蚓饲喂蝎子，以生喂效果最好。

（2）要当天收集、洗净后当天喂完。否则，蚓体蛋白质会腐败变质。

（3）注意饲喂方法，喂量由最初的最小量开始，逐渐增加至常量，喂量不可过大，否则，会引起蝎中毒。给蝎子饲喂蚯蚓饲料时，不可时断时续，要持续坚持，否则效果不好。

参考文献

［1］中国药用动物志协作组．中国药用动物［M］．天津：天津科学技术出版社，1997．

［2］赵渤，路阳明．养蝎与采毒实用技术［M］．西安：陕西人民教育出版社，1999．

［3］马仁华．科学养蝎实用新技术［M］．北京：中国农业出版社，2001．

［4］曾秀云．科学养蝎实用技术200问［M］．北京：中国农业出版社，2001．

［5］陈德牛，张国庆，刘季应．实用养蝎大全［M］．北京：中国农业出版社，2003．

［6］王金民．科学养蝎彩色图说［M］．北京：中国农业出版社，2003．

［7］潘红平，宋月家．蝎子高效养殖技术一本通［M］．北京：化学工业出版社，2010．

［8］张国庆．人工养蝎技术［M］．北京：金盾出版社，2011．

［9］周元军．图说蝎子养殖技术（二）［M］．北京：中国农业出版社，2013．

［10］周元军．高效养蝎［M］．北京：机械工业出版社，2013．